走进大自然

哺乳动物

胡　烨⊙编著

吉林出版集团股份有限公司

图书在版编目（CIP）数据

哺乳动物 / 胡烨编著. —— 长春 ：吉林出版集团股份有限公司，2013.5
（走进大自然）
ISBN 978-7-5534-1677-9

Ⅰ. ①哺… Ⅱ. ①胡… Ⅲ. ①哺乳动物纲－青年读物②哺乳动物纲－少年读物 Ⅳ. ①Q959.8-49

中国版本图书馆CIP数据核字(2013)第073181号

哺乳动物

BURU DONGWU

编　　著　胡　烨
策　　划　刘　野
责任编辑　赵黎黎
封面设计　贝　尔
开　　本　680mm × 940mm　1/16
字　　数　100千
印　　张　8
版　　次　2013年7月第1版
印　　次　2018年5月第4次印刷

出　　版　吉林出版集团股份有限公司
发　　行　吉林出版集团股份有限公司
地　　址　长春市人民大街4646号
　　　　　邮编：130021
电　　话　总编办：0431-88029858
　　　　　发行科：0431-88029836
邮　　箱　SXWH00110@163.com
印　　刷　山东海德彩色印刷有限公司

书　　号　ISBN 978-7-5534-1677-9
定　　价　25.80元

版权所有 翻印必究

目 录

Contents

进大自然
JIN DA ZI RAN

哺乳动物

BURUDONGWU

哺乳动物概说

哺乳动物是最高级的脊椎动物，也是一种恒温动物，身体有毛发，大部分都是胎生，靠母体的乳腺分泌乳汁哺育初生幼体。哺乳动物是动物发展史上最高级的阶段，也是与人类关系最密切的一个类群。除最低等的单孔类是卵生的以外，其他哺乳动物全是胎生的。人类也是哺乳动物的一员。

哺乳动物具有为后代哺乳、大多数属于胎生、具有毛囊和汗腺等共同的外在特征，有听小骨，骨骼结构有别于其他动物，并有独特的循环系统结构。作为一类恒温动物，他们能在较寒冷的环境里保持活动能力，而汗腺等器官可以帮助他们在炎热的环境里控制体温，呼吸、循环系统的完善和独特的被毛覆盖体表有助于维持其恒定的体温，从而保证它们在广阔的环境条件下生存。它们外形多样，大小不一，小至体长30毫米长有翅膀的凹脸蝠，大至体长33米的蓝鲸。它们对环境的适应能力很强，分布在从海洋到高山，从热带到极地的广阔区域。

黑猩猩

脊椎动物

脊椎动物是指有脊椎骨的动物，体形左右对称，全身分为头、躯干、尾三部分。脊椎动物包括鸟类、鱼类、两栖动物、爬行动物和哺乳动物五大类。

凹 脸 蝠

凹脸蝠是蝙蝠中体型最小的一种，也是体型最小的一种哺乳动物。凹脸蝠主要分布于泰国西部及缅甸东南部，在沿河附近的石灰岩洞中生活。

恒温动物

恒温动物是指具有完善的体温调节机制，在温度变化的环境中，体温在较窄范围内变化的动物。哺乳动物会通过新陈代谢调节体温。

猕猴

哺乳动物的分类

海豹

哺乳动物按外形、头骨、牙齿、附肢和生育方式等，常分为三个亚纲：原兽亚纲、后兽亚纲、真兽亚纲。

原兽亚纲是现存哺乳类中的最原始类群。其具有接近爬行类的原始特征：卵生，雌兽具有孵卵行为；雄兽尚不具高等哺乳类的交配器官（阴茎）；大脑皮层不发达，无胼胝体；体温调节能力弱，体温基本恒定，一般在寒冷季节冬眠。

后兽亚纲又称有袋类，典型代表有灰袋鼠、袋熊等，是较低等的哺乳类。其主要特征为：胎生，但没有真正的胎盘；幼仔发育需在雌兽腹部的育儿袋中长期发育；体温更接近于高等哺乳类（33～35℃），能在环境温度大幅度变动的情况下维持体温恒定。

真兽亚纲又称有胎盘类，是高等哺乳类。其主要特征为：具有真正的胎盘，胎儿发育完善后再产出；不具泄殖腔；乳腺发育充分，具有乳头；大脑皮层比较发达，有胼胝体；具有良好的调节体温的机制，体温一般恒定在37℃左右。

胼 胝 体

胼胝体是哺乳类真兽亚纲的特有结构，位于大脑半球纵裂的底部，连接左右两侧大脑半球的横行神经纤维束，是大脑半球中最大的连合纤维。

猴子

袋 熊

袋熊属于有袋目袋熊科，体形粗壮，眼小，脸似鼠，尾退化。袋熊的育儿袋向后开口，内有一对乳头。袋熊四肢短而有力，富有挖掘能力，主要吃草，也吃根或树皮。

灰 袋 鼠

灰袋鼠体型较小，体长1.1～1.3米，尾长1米左右，体重60～80千克。灰袋鼠主要生活于灌木丛中，以树叶和野菜为食。灰袋鼠善于跳跃，常结群生活，在早晨和黄昏活动。

植食性哺乳动物

植食性哺乳动物是指以植物（包括草、嫩枝、树叶、根、果实、种子等）为主要食物的哺乳动物。食草动物较难消化和吸收茎、叶中的营养和能量，所以每天要花费很长时间摄入大量的食物。例如，大象的消化效率很低，吃进去的食物中有一半都没被消化。奇蹄类和偶蹄类动物演化出了复杂的消化系统，可借助肠道细菌的发酵作用来协助消化。多数偶蹄类动物都会反刍，它们进食一段时间后将在前胃或瘤胃中发酵的食物返回嘴里再次咀嚼，以充分消化和吸收植物的养分。

植食性哺乳动物的齿冠几乎连在一起，可扩大口腔中的研磨咀嚼面，臼齿能研磨坚韧的植物纤维或坚硬的果实和种子，大多数犬齿已经退化甚至完全消失。羚羊、斑马等牧食哺乳动物主要取食草类和低矮植物，鹿等啃食哺乳动物主要取食灌木、嫩枝叶，花鼠、松鼠等啮齿动物会把多余的食物储存起来以备不时之需。

骆驼

斑马

啮齿动物

通俗地讲，啮齿动物就是咬东西的动物。啮齿动物是哺乳动物中种类最多的一个类群，也是分布范围最广的哺乳动物，大多数种类为穴居性，利用洞穴以躲避天敌、保护幼仔、贮存食物。

花　　鼠

花鼠又叫五道鼠、金花鼠、豹鼠、串树林，因其体背有数条明暗相间的平行纵纹而得名。其体型中等，尾长，尾毛长而蓬松，呈帚状，并伸向两侧。花鼠四肢略长，耳壳明显露出被毛外。

灌　　木

灌木是指那些没有明显主干、呈丛生状态的树木，一般可分为观花、观果、观枝干等种类。常见灌木有黄杨、沙地柏、铺地柏、玫瑰、杜鹃、连翘、牡丹、迎春、荆、茉莉、沙柳、月季等。

熊　猫

熊猫

熊猫是一种温顺、可爱、憨态可掬的动物，属于兽纲食肉目大熊猫科大熊猫属。熊猫体形肥硕，与黑熊相似，头较圆，尾巴很短。体长为1.2～1.8米，尾长10～20厘米，体重为60～125千克。两耳、眼及四肢为黑色，躯干和尾为白色，黑白分明。被动物学家称为“活化石”的大熊猫，深受人们的欢迎。大熊猫的原产地在中国，主要分布于我国四川北部、陕西和甘肃南部，是我国一级保护动物，也是我国的国宝。

大熊猫生性孤僻，常过着独栖生活，与世无争，常栖息于海拔2400～3500米的茂密竹丛中，如同隐士。熊猫主要以竹笋、竹叶及嫩竹尖为食，偶食其他植物，是食肉目中的“素食”种类。熊猫虽然看起来体态肥胖，给人以笨拙的感觉，其实熊猫一点也不笨，个个都是爬树高手。熊猫的生长繁殖比较特殊，对配偶有明显的选择性，很难成对。熊猫的怀孕期为3～5个月，每胎产1或2仔，刚出生的幼仔十分弱小，浑身无毛，体重只有100克左右。

黑 叶 猴

黑叶猴体形纤瘦，体长50～60厘米，是珍贵稀有灵长类动物之一，仅产于广西、贵州。黑叶猴四肢细长，头小，尾巴长，头顶有黑色直立的毛冠。

熊猫

香 鼬

香鼬又叫香鼠，体长20～28厘米，躯体细长，颈部较长，四肢较短。香鼬主要栖息于山地森林、平原农田等地带，多单独活动于灌丛、草坡、洞穴、岩石缝隙、乱石堆等处。

石 貂

石貂也叫岩貂，多在沟谷、乱石山坡筑窝，一般在夜间活动，抗寒力极强。石貂主要以各种鼠类、野兔、小鸟、鸡类为食，还食浆果或其他果实。

羚　羊

羚羊是偶蹄目牛科动物，许多被称为羚羊的动物与人们印象中的相差甚远，有专家指出，羚羊类动物总共有86种，分属于11个族、32个属。阿拉伯大羚羊和小鹿瞪羚主要分布于阿拉伯半岛；印度大羚羊、印度瞪羚和印度黑羚主要分布于印度；四角羚、藏羚羊和高鼻羚羊主要分布于俄罗斯和东南亚地区；原羚、鹅喉羚、藏羚、斑羚等在中国均有分布。羚羊常栖息于草原、旷野或沙漠，有时也栖息于山区地带。羚羊是草食动物，身高60～90厘米，体态优美，四肢细长，蹄小而尖。羚羊有着惊人的弹跳能力和躲避能力。一般雌、雄性羚羊均有空心而结实的角，尾巴长短不一。羚羊比较机警，经常5～10只集群生活，也有数百只一起生活的情况。

非洲羚羊

我国珍稀物种藏羚羊体形与黄羊相似，是国家一级保护动物。藏羚羊主要分布于新疆、青海、西藏的高原地区。体长为130厘米左右，尾长15～20厘米，肩高80厘米左右，体重为45～60千克。藏羚羊善于奔跑，最高时速可达80千米，寿命长达8年。

斑　　羚

斑羚体型大小如山羊，但无胡须，属于高山动物，广泛地分布于中国和亚洲东部、南部等地。斑羚善于跳跃和攀登，在悬崖绝壁和深山幽谷之间奔走如履平川。

普氏原羚

普氏原羚别名滩原羚、黄羊，全身黄褐色，臀斑白色，仅雄性有角。普氏原羚主要栖息于山间平盆地和湖周半荒漠地带，以数头或数十头为群，冬季往往结成大群。

印度黑羚

印度黑羚的雌、雄个体相差较大，雌羚为黄褐色且无角，体型较小；雄羚有角，且角为螺旋形。印度黑羚生性机敏，善跑跳，主要以草本植物为食，兼食树叶。

羚羊

驯　鹿

驯鹿

驯鹿是鹿科驯鹿属下的唯一一种动物，是国家二级保护动物。雌、雄驯鹿都有角，角比较长且有许多分杈，这也是其外观上的重要特征。驯鹿头长而直，嘴较粗，眼较大，鼻孔大，颈粗短，无鼻镜，鼻孔长有短绒毛，尾短。在我国驯鹿主要分布于大兴安岭东北部林区，因其主蹄大而阔，掌面宽阔，是鹿类中最大的，行走时能触及地面，适于在雪地和崎岖不平道路上行走，是我国鄂温克族重要的交通工具。驯鹿善于穿越森林和沼泽地，曾经是鄂温克人唯一的交通工具，被誉为“森林之舟”。驯鹿栖息在寒温带针叶林中，主要以石蕊、问荆、蘑菇及木本植物的嫩枝叶为食。

童话故事里圣诞老人驾着一只驯鹿拉的车，这只驯鹿名叫鲁道夫，它是这个世界上唯一长着大红鼻子的驯鹿。鲁道夫曾经为自己独一无二的鼻子感到非常难堪，但经历了一个风雪交加的圣诞夜后，人们对它有了新的印象，它成为人人喜爱和羡慕的对象。

角　马

角马也叫牛羚，是一种生活在非洲草原上的大型羚羊。角马属有两种，白尾角马和斑纹角马，主要分布在非洲大陆东部和南部，多位于热带草原性气候区。

鄂温克族

鄂温克是民族自称，鄂温克族人主要分布在中国东北黑龙江省讷河县和内蒙古自治区。鄂温克族信奉萨满教和喇嘛教。

圣　诞　节

圣诞节是指每年的12月25日，是基督徒庆祝耶稣基督诞生的庆祝日，大部分的天主教教堂都会在这天凌晨举行子夜弥撒。

肉食性哺乳动物

雄狮

肉食性哺乳动物是指以其他动物的肉为主要食物的哺乳动物，包括猫科、犬科、灵猫科等食肉目动物以及鲸目的大多数动物，但其中熊科除北极熊外全部为杂食性动物，大熊猫以植物为主要食物。大多数肉食性哺乳动物都要追捕猎物，有着锐利的前爪和尖利的牙齿，前爪能够抓住猎物，牙齿具有穿刺、拉扯、撕裂和切割等作用，咬住猎物的喉部使之窒息。肉食性哺乳动物的上颌臼齿与下颌臼齿排列精准且契合，上下颌能有力地滑动，带动犬齿与臼齿上下切刺，能像剪刀般有效率地切割食物。

虎是肉食性哺乳动物，主要以大中型植食性动物为食，也捕食其他的肉食性动物，位于食物链的顶端，对生态环境有着很大的调控作用，同时对猎物的数量变化也非常敏感。有些人一直以为虎鲸是鱼，其实虎鲸是主要以捕猎海豹、海豚等其他次级猎食者为食的哺乳动物，生性凶猛，善于进攻猎物，被称为“海上霸王”。

北 极 熊

北极熊又名白熊，是最有代表性和象征北极的动物，身长2～2.6米，嗅觉极为灵敏，是犬类的7倍。北极熊主要捕食海豹，特别是环斑海豹，此外也会捕食髯海豹、冠海豹。

豺

豺别名豺狗、红狼，属于国家二级保护动物。豺外形与狗、狼相近，体型比狼小，体长1米左右，体重10余千克。豺结群营游猎生活，嗅觉很发达，主要栖息于山地草原、亚高山草甸及山地疏林中。

苍 狐

苍狐又叫非洲沙狐，体型较大，背部灰色或深棕色，腹部白色、浅灰色或棕色。苍狐主要生活于亚热带荒漠草原地带，主要食物是草原的鼠类、兔类，也吃水果。

虎

狐　狸

狐狸属于食肉目犬科动物，体长约70厘米，尾长约45厘米。狐狸的毛色变化很大，一般呈赤褐色、黄褐色、灰褐色，耳背为黑色或黑褐色，尾尖为白色。狐狸主要栖息于森林、草原、半沙漠、丘陵地带，居于树洞或土穴中，傍晚外出觅食，天明才归来。狐狸的嗅觉和听觉极好，生性机警，行动敏捷。在野生状态下，狐狸的食性较杂，主要以鱼、蚌、虾、蟹、蜥蜴、鼠类、鸟类、昆虫类小型动物为食，有时也采食一些植物。狐狸繁殖率较高，抗病力强。狐狸给人的印象是奸诈、狡猾，但充满智慧。

北极狐也称蓝狐、白狐，原产于亚洲、欧洲、北美洲北部高纬度地区，北冰洋与西伯利亚南部均有分布。北极狐体型略小，耳短而圆，嘴圆长，四肢短小，体态圆胖，脚底部也密生

狐狸

长毛，适于在冰雪地上行走。毛皮既长又软且厚，可耐严寒。冬季时北极狐毛色为纯雪白色，仅无毛的鼻尖和尾端为黑色，春季至夏季毛色又逐渐转变为青灰色。

沙狐

沙狐也叫东沙狐，四肢短，耳大而尖，基部宽，背部呈浅棕灰色或浅红褐色，腹部呈淡白色或淡黄色。沙狐主要栖息在广袤荒原及半沙漠地区，昼伏夜出，白天匿于洞穴中，行动敏捷。

沙狐

赤狐

赤狐俗称草狐，适应能力很强，主要栖息于森林、灌丛、草原、荒漠、丘陵、山地、苔原等多种环境中。赤狐喜欢居住在土穴、树洞或岩石缝中。

蚌

蚌是一种水生动物，是蛤类的一种，用鳃呼吸，生活在江、河、湖、沼里。蚌壳呈长圆形，表面黑褐色，壳内有珍珠层，大部分蚌在体内能自然形成珍珠。

黑　　熊

黑熊属于哺乳纲食肉目熊科，也称黑瞎子、熊瞎子、狗熊。黑熊全身被毛漆黑、粗密，胸前有一块大且明显的呈白色或黄白色的倒“人”字形白斑。黑熊身体粗大，头部又宽又圆，吻较短小，耳朵大且圆，尾较短，四肢短粗。听觉和嗅觉敏锐，但视觉较差。黑熊能长时间依靠后腿站立，并利用前爪攻击对手或者获得食物。

黑熊是林栖动物，主要栖息于山地阔叶林和针阔叶混交林中。在夏季，它们常在海拔3000米左右，甚至更高的山中活动，到了冬季则会迁居到海拔较低的密林中去。黑熊常单独活动，没有固定的栖息地。黑熊看起来比较笨重，却是游泳和爬树的高手。黑熊是杂食性动物，以植物性食物为主，如浆果、植物嫩叶、竹笋和苔藓等，也爱吃蜂蜜。黑熊有冬眠的习性，冬眠的时间与气温、食物的丰富度有关。夏季季末黑熊就开始四处狂

熊

吃，以便储存足够的脂肪。入冬后，黑熊就四处寻找树洞进行冬眠，有时也在岩洞和地洞中冬眠。

浆　果

浆果是指由子房或联合其他花器发育成柔软多汁的肉质果，如葡萄、猕猴桃、草莓、树莓、越橘、果桑、无花果、石榴、杨桃、蒲桃、西番莲等。

小 熊 猫

小熊猫又名红熊猫、红猫熊、小猫熊和九节狼，是一种濒危的哺乳动物。小熊猫喜欢栖居在树洞或石洞中，凌晨和黄昏出洞觅食，常在树枝上攀爬，有时高卧树枝上休息。

棕　熊

棕熊别名马熊，国家二级保护动物。棕熊是食肉动物，适应力比较强，从荒漠边缘至高山森林，甚至在北极一带的冰原地带都能顽强生活。

黑熊

狮　子

狮俗称狮子，是著名的大型猫科动物，主要生存在非洲和亚洲。雄狮长有很长的鬃毛，一直延伸到肩部和胸部，这是狮子的主要特征之一。狮鬃的颜色也有所不同，包括金褐色、咖啡色、黑色，有些狮的狮鬃浓密而杂乱，有的稀疏且平顺。狮子全身的被毛很短，体色以黄色和茶色为主，鼻头是黑色的。耳朵不但很短，而且很圆。

狮子是群居动物，一般一个狮群由20～30个成员组成。狮子是肉食性动物，捕食对象的范围很广，包括羚羊、斑马、水牛、牛羚、长颈鹿、河马、河马幼兽、大象幼兽等。狮子喜欢夜晚或清晨凉爽的时候外出猎食。狮子有时会集体合作捕猎，几个成员先埋伏起来，另几个成员将猎物驱赶至埋伏处然后突

狮子

袭，一般咬断猎物头颈使其窒息而死。

狮子喜欢吼叫，人们常说“狮子吼”，其实是为了宣誓其领地，显示它的威风，使其他的狮子或食肉动物不敢进入它的领地。

斑灵狸

狮子

斑灵狸体长约37厘米，体重500克左右，面部狭长，吻鼻部突出，四肢短小，趾垫发达，爪能伸缩自如。斑灵狸主要栖息于海拔2000米以下的林缘灌丛或稀树草丛。

椰子狸

椰子狸又叫椰子猫、棕榈猫、花果狸，体形略似小灵猫，体重一般为2～3千克。椰子狸主要栖于热带雨林、季雨林及亚热带常绿阔叶林，是热带地区较典型的林栖动物之一。

浣熊

浣熊体长65～75厘米，因其进食前要将食物在水中浣洗，故名浣熊。浣熊喜欢栖息在靠近河流、湖泊或池塘的树林中，以浆果、昆虫、鸟卵和其他小动物为食。

杂食性哺乳动物

杂食性哺乳动物是指既吃植物性食物也吃动物性食物的哺乳动物，它们取食的种类很广，包括植物枝叶、坚果、果实、蛋、肉，甚至食腐。杂食性哺乳动物和人一样，以植物性食物和动物性食物为食，这些动物包括家鼠、猪、熊等，很多灵长类动物也是杂食性哺乳动物。熊是以素食为主的杂食动物，主要以水果、植物根茎和其他植物材料为食，同时也吃一些腐肉、昆虫、鱼和小的哺乳动物；北美浣熊，也以素食为主，其食物主要包括坚果、种子、水果、蛋类、昆虫、蛙类和虾类等；食肉目中的猪獾，主要以植物根茎、果实、蚯蚓、昆虫、鱼、蛙和鼠等为食；野猪主要依靠野果、青草、块根、块茎和小动物等维生；狒狒主要以水果、种子、真菌、植物根茎、昆虫和小动物等为食；黑猩猩的食物包括种子、坚果、花卉、树叶、木髓、蜂蜜、昆虫、蛋类和脊椎动物等。杂食性哺乳动物大多性情温和，没有

黑猩猩

攻击性，且大多经过人类饲养，与人类关系较密切，例如猫、狗、老鼠等。

短 尾 猴

短尾猴别名红面猴，体型比猕猴大，体长50～56厘米。短尾猴成体颜面鲜红色，老年紫红色，幼体肉红色，主要栖息于亚热带常绿阔叶林中，食性较杂，既取食野果、树叶、竹笋，也捕食蟹、蛙等小动物。

猕 猴

猕猴别名黄猴、恒河猴、广西猴，是中国常见的一种猴类，体长43～55厘米。猕猴适应性强，多栖息在石山峭壁、溪旁沟谷和江河岸边的密林中或疏林岩山上，群居生活。

藏 酋 猴

藏酋猴别名四川短尾猴、大青猴，身体粗壮，头大，头顶和颈毛呈褐色，尾短。成年雌猴面部皮肤呈肉红色，成年雄猴两颊及下颏有似络腮胡样的长毛。藏酋猴喜群栖，常由20～30名成员组成猴群。

浣熊

松　鼠

松鼠

松鼠属于哺乳纲啮齿目，躯体细长，体长18～26厘米，尾巴粗大，尾长超过体长的一半。前肢较后肢短，耳壳发达，耳端具有黑色的毛簇，冬季十分明显。松鼠个体毛色差异较大，呈青灰色、灰色、褐灰色、深灰色和黑褐色等颜色。松鼠原产于我国的东北、西北及欧洲，现除了大洋洲、南极洲外，全球的其他地区均有分布。

松鼠主要栖息于针叶林或针阔混交林内，喜欢生活在以红松为主的针叶林带内。其常在树洞内做窝，有时也在树上营巢。巢由小树枝编织而成，里面垫有柔软的杂物，如枯叶、羽毛、苔藓等，隐蔽于密集的树枝间。松鼠以植食性食物为主，主要以树木种子和果实以及蘑菇等为食，部分物种以昆虫和蔬菜为食。松鼠的怀孕期为35～40天，4月初进入哺乳期，每年产仔3次左右，每次产4～6只。松鼠在白天比较活跃，尤其清晨更甚。松鼠不冬眠，但冬季活动较少。松鼠毛皮价值较高，是较珍贵的兽类。

赤腹松鼠

赤腹松鼠俗名蓬鼠，为台湾最常见的松鼠，体长在20厘米左右，全身仅头、胸、腹部和四肢为短毛。赤腹松鼠为杂食性动物，主要以嫩叶、核果等为食。

纹腹松鼠

纹腹松鼠也叫五纹松鼠，体长20多厘米，尾长约18厘米，身体背面呈褐灰色，带有明显赤色，以背部为最深。纹腹松鼠是易危种，仅见于云南怒江以西。

金背松鼠

金背松鼠为松鼠科丽松鼠属动物，原产于西马来西亚、泰国和缅甸南部，在中国主要分布于台湾高雄等地。

松鼠

貂

貂

貂属于食肉目鼬科动物，身体细长，大小与家猫相似，耳朵较大，略呈三角形。四肢较短，体重为1.0～1.5千克。全身被毛呈棕褐色，有稀疏的白色针毛。貂主要栖息于浓密的针叶林和针阔混交林中，在树洞或树根底下筑巢，巢内铺垫有草、鸟羽和兽毛等。貂通常在白天活动，行动敏捷，在地面行动时的步态主要有小步跑和跑跳步两种。貂在行进过程中总是跑跑停停、边嗅边看，通过嗅觉和听觉进行猎食，主要以鼠类、鸟蛋等为食，有时也吃植物的果实。貂适于生活在气候寒冷的地方，在我国主要产于东北地区，多独居，一年换毛两次，每年5月份换成夏毛，9月份后开始长出冬毛。

貂是珍贵的毛皮动物，毛皮细软，坚韧轻薄，毛绒丰厚，色泽光润，是理想的裘皮制品。在国内外，貂皮一直是人们富贵的象征，被称为“软黄金”。貂皮与人参、鹿茸并称为“东北三宝”。人工饲养的紫貂，在5月份左右发情，怀孕期为270～290天。

人　参

人参是多年生草本植物，多生长于昼夜温差小的海拔500～1100米山地缓坡或斜坡地的针阔混交林或杂木林中。人们称其为“百草之王”，是闻名遐迩的“东北三宝”之一。

鹿　茸

雄鹿的嫩角没有长成硬骨时，带茸毛，含血液，叫做鹿茸。鹿茸是一种贵重的中药，由于采收方法不同又分为砍茸与锯茸两种。

鼬　獾

鼬獾又名猸子、山獾、白猸，主要生活在中国南部、重庆市万州山地宝乡山区、印度东部、爪哇岛和婆罗州的绿地。鼬獾主要在岩缝中筑巢，以水果、昆虫、小动物和蠕虫为食。

猕猴

金丝猴

金丝猴为哺乳纲灵长目猴科疣猴亚科仰鼻猴属动物，是中国特有的珍贵动物，也是我国一级保护动物。金丝猴主要分为滇金丝猴、黔金丝猴、川金丝猴、越南金丝猴、缅甸金丝猴五种，在我国主要有滇金丝猴、黔金丝猴、川金丝猴三种。金丝猴体长约70厘米，毛色艳丽且毛质十分柔软；尾巴较长，大约与体长相等；鼻孔极度退化，看起来像是没鼻梁，鼻孔仰面朝天，因而有“仰鼻猴”的别称；嘴唇宽厚，红艳，十分好看。

在我们的印象中，金丝猴的体毛是金黄色的，事实上并不是所有的金丝猴都是金黄的体毛。川金丝猴全身体毛是金黄色，滇金丝猴体毛主要是黑灰色和白色。金丝猴动作优雅，性情温和，深受人们的喜爱。通常情况下，金丝猴群栖在高山密林中，以野果、嫩芽、竹笋、苔藓植物为食，也吃树皮和树

滇金丝猴

根，爱吃昆虫、鸟和鸟蛋。金丝猴的天敌有很多，包括豺、狼、豹、雕、鹫、鹰等。

缅甸金丝猴

滇金丝猴

缅甸金丝猴几乎全身乌黑，耳部和颊部有小撮白毛，面部皮肤呈淡粉色，下巴上有独特的白色胡须，是一种高度濒危的物种，分布在缅甸北部。

黔金丝猴

黔金丝猴体长约为70厘米，吻鼻部略向下凹，脸部灰白或浅蓝色，鼻眉脊浅蓝色。黔金丝猴分布于贵州省境内武陵山脉的梵净山，栖息于海拔1700米以上的山地阔叶林中。

川金丝猴

川金丝猴别名狮子鼻猴、仰鼻猴、金绒猴、兰面猴，为国家一级保护动物。川金丝猴毛质柔软，为中国特有的珍贵动物，群栖高山密林中，分布于四川、甘肃、陕西和湖北。

哺乳动物的起源

刺猬

哺乳动物的起源可追溯到古生代后期爬行动物刚出现的时期，第一批爬行动物出现在古生代的石炭纪，在三个不同的进化方向中下孔类这一支是向着哺乳动物的方向发展的，又被称为似哺乳爬行动物。早期的兽孔类与楔齿龙类非常相似，甚至晚期的一些进步的兽孔类与哺乳动物几乎没有什么区别。兽孔类到二叠纪晚期分化出以肉食为主的兽齿类和以植食为主的缺齿类。

在三叠纪时，另一类爬行动物初龙类开始兴起，这可能对下孔类产生了巨大的冲击。在下孔类完成了向哺乳动物进化的时候，初龙类中进化出来的恐龙类已经取得了优势地位，下孔类迅速衰落，只有少数种类残存到侏罗纪，而它们的后代——哺乳动物，在恐龙的统治下继续生存了一亿多年，成为新生代的统治者。哺乳动物最早出现在三叠纪末到侏罗纪初，在最早的哺乳动物出现后不久，兽亚目的早期成员和植食的原兽类也开始出现。

石 炭 纪

石炭纪约处于地质年代2.86亿～3.6亿年前，可分为两个时期：始石炭纪和后石炭纪。石炭纪时陆地面积不断增加，陆生生物空前发展。

侏 罗 纪

侏罗纪是一个地质时代，是中生代的第二个纪，界于三叠纪和白垩纪之间。侏罗纪的名称取自于德国、法国、瑞士边界的侏罗山。

大熊猫

二 叠 纪

二叠纪是古生代的最后一个纪，也是重要的成煤期。该时期地壳运动比较活跃，古板块间的相对运动加剧，世界范围内的许多地槽封闭并陆续地形成褶皱山系，古板块间逐渐拼接形成联合古大陆。

哺乳动物特征

东北虎

哺乳动物的生活环境存在多样性，例如荒漠、草原、森林、高山、极地、海洋等，哺乳动物在其形态结构上也有很多差异，同时也存在着不少共同的特征，有别于其他的脊椎动物。

哺乳动物最主要的特征是以乳腺分泌的乳汁哺育幼仔，这是发育完整的标志。哺乳动物身体表面被毛，只有少数种类例外；四肢适于行走，末端具爪，有蹄或趾甲，只有在水中栖息的鲸和儒艮前肢发育为鳍状，后肢消失；颈椎一般为7枚；哺乳动物有泄殖腔，用肺呼吸；肛门与泌尿、生殖孔分离，唯有单孔类例外；属于温血动物，仅具左主动脉弓；心脏分为四室，分别为左心房、左心室、右心房和右心室；红细胞呈扁圆形，中央微凹，多数无细胞核；哺乳动物的胸腔与腹腔之间出现了横膈膜；脑发达，尤其是大脑半球皮层特别发达。除单孔类外，哺乳动物均为胎生。

兔　　狲

兔狲大小似家猫，体重2～3千克，主要栖息于沙漠、荒漠、草原或戈壁地区，能适应寒冷、贫瘠的环境，常单独栖居于岩石缝里或利用旱獭的洞穴。兔狲为夜行性动物，主要以鼠类为食。

河　　麂

河麂别名獐、牙獐，体长90～100厘米，体重约15千克。河麂性情温和，感觉灵敏，善于潜伏在草丛中，会游水，独居或成对活动，以各种青草、树皮、树叶为食。

豚　　鹿

豚鹿也叫芦蒿鹿，身体较为粗壮，四肢较短，显得矮胖，臀部钝圆且较低。豚鹿多昼伏夜出，单独活动，既善穿越灌草丛，也能跳跃障碍，喜欢吃烧荒后再生的嫩草。

大象

黄　鼬

黄鼬标本

黄鼬俗称黄鼠狼，属于食肉目鼬科鼬属动物。黄鼬的身材修长，四脚短小，全身呈棕黄色或橙黄色，所以动物学上称它为黄鼬。黄鼬主要分布于西伯利亚、朝鲜、日本、克什米尔、印度、尼泊尔、缅甸和印度尼西亚等亚洲地区，中国很多地区都有分布。黄鼬擅长攀缘登高和下水游泳，主要栖息于山地、平原、林缘、河谷和灌丛中，也常在村庄附近出没。黄鼬的肛门两旁具有一对黄豆形的臭腺，可以排出一股臭不可忍的分泌物，在遇到敌人威胁时，起到麻痹敌人的作用。假如敌人被这种分泌物射中头部，会引起中毒，轻者感到头晕目眩，恶心呕吐，严重者会倒地昏迷不醒。

黄鼬的食性很杂，主要以啮齿类动物为食，偶尔也吃鸟卵及幼雏、鱼、蛙和昆虫。黄鼬的警觉性很高，时刻保持着高度戒备状态，要想对其偷袭是很困难的。黄鼬性情残暴，绝不放过遇到的弱小动物，即便吃不完，也一定要把猎物全部咬死。

青　鼬

青鼬也叫黄猺，属食肉目鼬科貂属，国家二级保护动物。青鼬身体大小似家猫，头的背面和侧面、四肢和尾巴都呈棕黑色，肩部黄色，腹部黄灰色。

伶　鼬

伶鼬又叫银鼠、白鼠、倭伶鼬，行动迅速、敏捷。伶鼬常单独活动，在白天觅食，主要栖息于山地针阔叶混交林、针叶林、林缘灌丛等地带，主要以小型啮齿类动物为食。

白　鼬

白鼬又叫扫雪鼬、扫雪，体长17～32厘米，体型较小。白鼬能爬树和游水，常以岩隙、石堆、倒木、树洞和石墙下为穴，主要捕食鼠类，也吃野兔、鸟、蛙、鱼等。

猫鼬

荒漠哺乳动物

在荒漠中生活的哺乳动物称为荒漠哺乳动物。荒漠最主要的特点是干旱，昼夜温差比较大，还伴有沙尘暴等，天气极其恶劣，食物十分匮乏。为了适应荒漠的环境，在这里生存的哺乳动物演化出了一系列生存技能。

荒漠环境中的哺乳动物的眼睛长有很长的睫毛，长睫毛可防止在沙尘暴条件下，沙子等异物进入，也可保护眼睛免受强日光照射。荒漠环境中的哺乳动物的鼻道能防止沙粒进入，必要时鼻孔可完全关闭。荒漠环境中的哺乳动物还有消化能力很强的胃腔，它们吃进的食物可在胃内停留很长时间，使得来不易的食物得到充分消化。在沙漠里生活的哺乳动物，为了适应缺水、高温和寒冷等恶劣的生存环境，它们有着良好的储水能力，能通过避免出汗和极少排尿而节约体内的水分，如驼峰是骆驼储水的地方。为了避开白天

雪中的野骆驼

的高温天气，大多数荒漠哺乳动物都在傍晚或晚上出来活动或捕食。

野　牛

野牛是国家一级重点保护动物，体型巨大，体长2米左右，体重1500千克左右。两角粗大而尖锐呈弧形。野牛喜欢群居，但群体不大，由数头到30头不等。

鹅　喉　羚

鹅喉羚是典型的荒漠、半荒漠区域生存的动物，体形似黄羊，因雄羚在发情期时喉部肥大，状如鹅喉，故而得名“鹅喉羚”。鹅喉羚喜欢在开阔地区活动，早晨和黄昏觅食频繁，主要以艾蒿类和禾本科植物为食。

高鼻羚羊

高鼻羚羊属于国家一级保护动物，体长为90～144厘米，体重37～60千克。高鼻羚羊主要生活于荒漠、半荒漠地带，结成小群生活，有季节性迁移现象，冬季向南移到向阳的温暖山坡地带。

骆驼

草原哺乳动物

由于草原具有开阔性，缺少掩护，对捕食者和被捕食者来说，无论是埋伏突袭还是逃跑都不容易。肉食性动物为了捕获植食性动物，植食性动物为了躲避或者说是逃命，都演化出了高速运动的能力或者挖掘洞道的本领。猎豹是哺乳动物中奔跑速度最快的，奔跑时速可以超过100千米；羚羊为了生存，也演化出了快速奔跑的能力；土豚、鼹鼠等在地下建造出复杂而有高度组织的洞道系统。

大型的植食性哺乳动物还会聚集成大型群落以减少成为单个目标的危险，一些个体进食和休息，另一些个体负责警戒。不同的物种也会混合聚集起来，共享优势资源，降低被捕食的危险。长颈鹿利用身高的优势而充当“瞭望塔”，羚羊的听觉

兔子

十分敏感，而斑马的嗅觉甚是灵敏。草原上有时也会见到稀落的树林和灌木，一年四季气候干燥，偶尔有大规模的季节性暴雨。大型的植食性哺乳动物逐水而居，常进行大规模的有规律的迁徙。

草　兔

草兔又叫山跳子、跳猫等，体型较大，体长36～54厘米，尾长9～11厘米，体重平均为2千克。草兔身体背面为黄褐色至赤褐色，腹面白色，耳尖呈暗褐色，尾的背面为黑褐色，两侧及下面白色。

高　原　兔

高原兔又叫灰尾兔，体型较大，体长42～48厘米，尾长约10厘米。高原兔主要栖息于高山草甸、灌丛等地带及其附近的森林内。高原兔昼夜活动，尤其是晨昏活动最为频繁。

河马

白掌长臂猿

白掌长臂猿为国家一级保护动物，体长为50～64厘米，体重8～9千克，全身体毛密而长，较为蓬松，均呈黄褐色。白掌长臂猿因其手、足呈白色或淡白色，手臂偏长而得名。

斑　马

非洲斑马

斑马是奇蹄目马科马属4种兽类的通称，是最著名的非洲特产动物之一。斑马全身披有漂亮的黑白相间的条纹，这些条纹是同类之间相互识别的主要标记之一，更重要的则是形成了适应环境的保护色，作为保障其生存的一个重要防卫手段，起着重要的保护作用。这种不易暴露目标的保护作用，对动物本身是十分有利的。人类也从这种现象中得到了启示，将条纹保护色的原理应用到作战方面，在军舰上涂上类似于斑马条纹的色彩，以此来模糊对方的视线，达到隐蔽自己、迷惑敌人的目的。

非洲东部、中部和南部产普通斑马，这种斑马由腿至蹄具条纹或腿部无条纹，常栖于平原草原；细纹斑马栖于炎热、干燥的半荒漠地区，偶见于野草焦枯的平原；非洲南部产山斑马，山斑马除腹部外，全身密布较宽的黑条纹，雄体喉部有垂肉，喜欢在多山和起伏不平的山岳地带活动。斑马是群居性动物，常结成10～12只的小群，有时也跟其他动物群体生活在一起，如角马或鸵鸟。斑马生性谨慎，主要以青草和嫩树枝为食。

山 斑 马

山斑马是斑马中体型最小的一种，耳朵狭长，鬃毛很短，吻部棕黄色，身上的条纹粗而少。山斑马通常栖息在山区的草原中，以食草为主，也吃嫩叶。

鸵 鸟

鸵鸟是非洲的一种不会飞但奔跑得很快的鸟，体型巨大，特征为脖子长而无毛、头小、脚有二趾。鸵鸟蛋的颜色似鸭蛋，是鸟蛋中最大者，卵壳十分坚硬，可承受住一个人的重量。

细纹斑马

细纹斑马又叫细斑马、格氏斑马、狭纹斑马，是形态最美的斑马，为非洲特产。细纹斑马生性谨慎，通常结成小群游荡，喜在多山和起伏不平的山岳地带活动。

斑马

刺 猬

刺猬

刺猬别名刺球子、刺猬猬，是食虫目猬科猬属动物。身体粗短而肥胖，体长25厘米左右。除肚子外，刺猬全身布满硬刺，嘴尖，耳小，四肢短，5趾均具爪，爪很发达。刺猬的鼻子非常长，触觉和嗅觉灵敏。刺猬的生活环境多样，主要栖息于灌丛、森林、草原、山地等，白天在洞中休息，夜晚出来觅食。刺猬通常在灌丛、树根、倒下的树木等隐蔽的地方筑窝，主要以昆虫为食，也吃幼鸟、鸟蛋、蛙、蜥蜴等，偶尔也吃植物。狼、狐狸和猫头鹰等动物是刺猬的天敌。

刺猬是异温动物，它们不能稳定地调节自己的体温，冬天要来临的时候有冬眠现象。刺猬在秋末开始冬眠，直到翌年春季气温回升到一定程度它才醒来，休眠期大约有5个月。刺猬有一套防身的好本领，在受惊或遇敌时，全身硬刺竖立，身体卷成刺球状，头和四肢均不可见，敌人见状也无从下手。刺猬年产仔1～2胎，每胎3～6仔。妊娠期为35～37天，寿命大约为7年。

达乌尔猬

达乌尔猬也叫短棘猬、蒙古刺猬，是典型的草原动物，多栖息于草原沙丘柳丛中。达乌尔猬耳大，棘细而短，四肢粗短而强壮，多在夜间活动，主要捕食昆虫、蠕虫和鼠类。

海南毛猬

海南毛猬为中国海南特产，体呈圆筒形，长12～15厘米，头部毛呈鼠灰色，吻尖长，耳大，尾短。海南毛猬主要生活于热带山林中，以金龟子等昆虫为食。

蜥　　蜴

蜥蜴俗称四足蛇，是一种常见的爬行动物。其与蛇有密切的亲缘关系，二者有许多相似的地方，周身覆盖以表皮衍生的角质鳞片，且都是卵生。

刺猬

森林哺乳动物

森林具有丰富的物种，复杂的结构，多种多样的功能。森林为动物提供了丰富的食物资源和隐蔽场所，保护他们免受地面上捕食者的威胁。一些森林哺乳动物几乎从不下到地面，属于树栖动物，如蛛猴，它用尾巴来支持全身的重量，通过跳跃、飞跃等方式在树枝间移动，直接在树枝上休息。貂是半树栖的哺乳动物，常居于树上，也到地面进行觅食。松鼠具有锋利的爪子，可以抓紧树皮，大尾巴可以保持身体的平衡，常利用树洞筑巢。鹿、野猪、貘等哺乳动物常在地面上穿行，利用树丛、山坡等地形寻找合适的休息场所，避免四面受敌。

森林哺乳动物的皮毛具保护色，使其可以很好地伪装自己。它们身上大多都带有斑纹，毛色以棕色为主，这样的毛色

长颈鹿

特征可以与生存的环境背景相融合，易于与林地底部的颜色混合，在树上时也容易与树枝间的透光和斑驳的树影混杂。

赤 斑 羚

赤斑羚为典型的林栖动物，终年栖息于海拔1500～4000米之间的高山、亚高山常绿阔叶林和针阔叶混交林内。赤斑羚生性机警，多成对或集群活动，早晨和午后觅食，主要以植物的嫩芽、绿叶为食。

滇金丝猴

貘

貘身长1.8～2.5米，肩高1米，身体笨重，腿短，小眼睛，耳朵又短又圆，尾巴退化，体毛很短。貘是一种胆小的动物，生活在靠近水的密林或沼泽地。

白臀叶猴

白臀叶猴因其雄性臀部具有三角形白色臀斑而得名。白臀叶猴为树栖动物，主要在森林的上层活动，几乎从不下到地面上，善于跳跃。白臀叶猴以各种鲜叶、嫩芽为主食，兼食各种野果。

极地和高山哺乳动物

极地和高海拔地区由于气候寒冷，甚至终年被冰雪覆盖，食物十分匮乏。哺乳动物为了能够在这种严酷的条件下生存，演化出了一系列生存技能。

在这种寒冷环境中生存的哺乳动物都有多重的毛发，外层的长毛主要起保护身体、伪装和防水防雪的作用。有些哺乳动物的脚掌上都长有一层浓密的毛，除了保暖外还能够在冰雪的表面上起到防滑作用。一些小型哺乳动物身体粗短，体表面积很小，可减少体温的散失，如北极狐。在极地和高海拔地区生存的哺乳动物，因为降雪和融雪，环境颜色变化很大，所以它们每年会换两次毛，如北极狐和北极兔。夏季它们换成棕色和深褐色的皮毛，与岩石、泥土和灌木的色彩相近；冬季它们则换成雪白的厚毛，与白色的背景相协调。在高山上生活的有蹄类哺乳动物四肢发达，蹄子的内

岩羊

部有柔软的掌垫，外缘锋利且坚硬，在湿滑陡峭的岩壁上能够保持良好的抓地能力，如岩羊。

北 极 狐

北极狐被人们誉为雪地精灵，能进行长距离迁徙，而且有很强的导航本领。北极狐额面狭，吻尖，耳圆，尾毛蓬松、尖端白色。

北 极 兔

北极兔体长为55～71厘米，体重为4～5.5千克，身体肥胖，耳朵和后肢都比较小，有的无尾。北极兔是一种适应了北极和山地环境的兔子。

藏 原 羚

藏原羚又叫西藏黄羊、西藏原羚，是青藏高原特有种，为国家二级保护动物。藏原羚体长84～96厘米，体重11～16千克，耳朵狭而尖小，体毛为灰褐色，腹部为白色。

盘羊

水生哺乳动物

在水中生活的哺乳动物其身体结构与陆地上的哺乳动物有很大差别。由于水的密度比空气大，产生的阻力也更大。在水中生活的哺乳动物为了能快速行动，演化出了光滑且呈流线型的身体。一些水生哺乳动物的水中运动能力比许多鱼类的水中运动能力都要强。

水生哺乳动物分为完全水生的哺乳动物和半水生的哺乳动物，海豚、鲸、儒艮、海牛等属于完全水生的哺乳动物，它们的后肢退化消失，以尾鳍和躯干进行波状运动来前进，前肢演化成的鳍状肢用来控制方向；水獭、海豹等半水生的哺乳动物为了适应陆地生活，还保留着厚厚的毛发，四肢也演化为桨状或鳍状肢。为了在寒冷的海水中保持体温，水生哺乳动物演化出了更大的体型，并减少了突出体表的器官，通过减少体表

海豹

面积以减少热量的散失。生活在极地的水生哺乳动物拥有厚厚的皮下脂肪，可以抵抗严寒。水生哺乳动物的肌红蛋白含量较高，而动物肌肉内的肌红蛋白可以保存氧并起到缓释作用。

海　　牛

海狗

海牛是大型水栖草食性哺乳动物，可以在淡水或海水中生活。在哺乳时，雌海牛用一对偶鳍将幼仔抱在胸前，将上身浮出海面，半躺着喂奶，与传说中的美人鱼颇相似。

水　　獭

水獭身体呈流线型，体长60～80厘米，体重可达5千克。水獭是半水栖兽类，喜欢栖息在湖泊、河湾、沼泽等淡水区，洞穴较浅，常位于水岸石缝底下或水边灌木丛中。

江　　豚

江豚体长1.2～1.9米，体重100～220千克。江豚的头部较短且钝圆，吻部短而阔，上下颌几乎一样长。江豚全身为蓝灰色或瓦灰色，背脊上没有背鳍，鳍肢较大，呈三角形。

濒危哺乳动物

指猴属于杂食性动物，主要以坚果为食，也吃幼虫、水果、种子、蘑菇等，常栖息于热带雨林的树枝或树干上。指猴的手形非常特殊，拇指与其他手指一样又细又长，中指特长。指猴体色为黑色或深褐色，颈部为白色。

雪豹又称荷叶豹，终年生活在海拔4000～4500米的高山雪线一带，因其所处的生活环境而得名。雪豹在我国主要产于青藏高原、新疆、甘肃、内蒙古等地。雪豹全身呈灰白色，带有许多不规则的黑色斑点、圈纹，这种体色与环境十分协调，使人们很难发现它们。

海獭属于鼬科动物，毛皮呈茶褐色，体长1.4米左右，重40千克左右。海獭常见于多岩石的海边，擅长潜水。海獭喜欢群居，常常由几十个甚至几百个成员组成一群，在海里嬉闹、觅食。

海獭

毛犰狳俗称“披甲猪”，由骨质组成的鳞甲上还覆有一层角质表皮，是抵御敌人的防护壳。

毛犰狳为杂食性动物，主要分布于南美洲的热带森林、草原、半荒漠地区和平地。毛犰狳具有昼伏夜出的习性，常栖息在自然界形成的天然洞穴中。

貂　　熊

貂熊为国家一级保护动物，体长80～100厘米，体重8～14千克。貂熊头大耳小，背部弯曲，四肢短健，弯而长的爪不能伸缩，尾毛蓬松。因其身体两侧有一浅棕色横带，从肩部开始至尾基汇合，状似“月牙”，故有“月熊”之称。

熊　　狸

熊狸尾巴长有蓬松粗糙的毛，具有抓握功能。熊狸主要栖息于亚洲南部的热带雨林和季雨林，是典型的热带树栖灵猫类，多在高大浓密的树上活动。

金　　猫

金猫也叫亚洲金猫，体长90厘米，体重在12～16千克。金猫性情凶猛，故有“黄虎”之称。金猫喜欢单独活动，具夜行性，仅以肉类为食，主要捕食鼠、兔、鸟和小鹿等动物。

犰狳标本

中国特有哺乳动物

滇金丝猴

金丝猴为中国特有的珍贵动物，已被列为国家一级保护动物，中国金丝猴有川金丝猴、黔金丝猴和滇金丝猴三种。金丝猴毛色艳丽，毛质柔软，性情温和，动作优雅，深受人们喜爱。金丝猴常成群栖息于高山密林中，天敌有豺、狼和豹以及雕、鹫、鹰等。

白鳍豚是我国长江特有的淡水鲸类，被列为国家一级保护动物，同时也被誉为“水中的大熊猫”。白鳍豚身体呈纺锤形，具有长长的吻，全身皮肤裸露无毛。白鳍豚性情温顺，喜欢群居，常在早晨或黄昏游向岸边浅水处进行捕食，主要以体长小于6.5厘米的淡水鱼类为食，也吃少量的水生植物和昆虫。

藏羚羊是中国重要珍稀物种之一，被列为国家一级保护动物。藏羚羊体形与黄羊相似，体长为130厘米左右，尾长15～20

厘米，肩高约80厘米，体重45～60千克。藏羚羊主要分布在新疆、青海、西藏的高原上，寿命最长可达8年。藏羚羊性情胆怯，善于奔跑，最高时速可达80千米。

喜马拉雅塔尔羊

喜马拉雅塔尔羊别名长毛羊、塔尔羊，被列为国家一级保护动物，主要分布于中国的喜马拉雅山。喜马拉雅塔尔羊体格健壮，皮毛粗厚光滑，行动有力，善于攀爬，常结群活动。

白眉长臂猿

白眉长臂猿体长为45～65厘米，体重10～14千克，是长臂猿中体型较大的一种。白眉长臂猿额部附近有一道明显的白纹，如同白色的眉毛，因此得名。

秃　鹫

秃鹫又名座山雕，是一种大型猛禽，体长100～118厘米。秃鹫主要栖息于平原、丘陵地带的高山裸岩和草地环境，主要以各种鸟兽的尸体腐肉为食，有时也捕食小型的鸟类。

大熊猫

哺乳动物的口腔

哺乳是哺乳动物的特征，为了吸吮乳汁，哺乳动物的口腔结构较两栖动物发生了很大改变。哺乳动物出现了肉质的唇，为吸乳、摄食、辅助咀嚼的重要器官。植食性哺乳动物的唇特别发达，有的上唇有唇裂，如兔子。为了适应口腔的咀嚼活动，哺乳动物的口裂缩小，并在两侧牙齿的外侧出现了颊部，一些种类的颊部还出现了呈袋状结构的颊囊，用以贮藏食物，如猴。

哺乳动物的口腔顶壁由骨质的硬腭及软腭所构成，腭部有发达的角质棱，可防止食物滑脱。口腔内还有十分发达的肌肉舌，有助于摄食、搅拌及吞咽。舌的表面分布有味蕾，为味觉器官。上、下颌骨上着生有异型齿，因齿的形状和功用不同，可分为用于切割食物的门齿，用于撕裂食物的犬齿，咬、切、压、研磨食物的臼齿。不同食性的哺乳动物，其牙齿的形状、数目也有所不同。哺乳动物的口腔内还有耳

松鼠

下腺、颌下腺和舌下腺等3对唾液腺（兔与鹿有4对唾液腺），均有导管开口于口腔，分泌的唾液淀粉酶可对食物进行口腔消化。

白 唇 鹿

白唇鹿又名岩鹿、白鼻鹿，为大型鹿类，是一种典型的高寒地区的山地动物。白唇鹿唇的周围和下颌为白色，为中国特产动物。白唇鹿已被列入国家重点保护野生动物名录。

马 麝

马麝主要栖息在海拔2000～4500米之间的高山草甸、灌丛或林缘裸岩山地。马麝性情孤独，大多单独活动，主要以山柳、杜鹃等植物的叶、茎、花和种子为食。

马

林 麝

林麝是国家一级保护动物，现已濒临灭绝。林麝体型较小，以分泌麝香而闻名，多分布于松栎阳坡山地和疏林草坡上。林麝多在黄昏和夜间活动觅食，喜食苔藓、苔草、蕨草等。

哺乳动物的爪

大多数哺乳动物的爪都十分锋利，对于某些动物而言，爪是它们捕食的唯一工具。在哺乳动物中，食肉类动物的爪尤其锐利，如猫科动物的爪，是有效的捕食武器。老虎在捕食时，常常潜伏起来，伺机行动，可以用爪子一下扑倒一只羚羊；在老虎锋利的爪子下，羚羊没有任何逃脱的机会，只能等待被吞食。体型比虎小，浑身布满斑点的“金钱豹”更是捕食高手。金钱豹生性凶猛，四肢矫健，行动敏捷，善于跳跃，更善于爬树。它为了保存未食用完的猎物，常常将猎物拖到树上以备第二天食用。

哺乳动物中还有一些小型动物，它们的爪主要从事挖掘活动，也特别发达。例如我们再熟悉不过的动物——老鼠，生来就会“打洞”。它们的爪的主要功能并不是用来捕食，而是用来躲避天敌。它们营造的巢穴，结构复杂，十分隐蔽，为它们休息、繁殖后代、储存食物提供了良好的场所，可这一切都要归功于它们的“巧手”。

东北虎

云　豹

云豹体长70～106厘米，尾长70～90厘米，四肢较短而粗，尾巴较长，头部略圆，爪子非常大。因其身上有云状的灰色或黑色斑点，故而得名“云豹”，是现存猫科动物中比较原始的类型。

倭蜂猴

倭蜂猴别名小懒猴，是一种夜行性动物，属于国家一级保护动物。倭蜂猴是一种树栖性动物，生活在热带和亚热带干燥阔叶林中，主要以果实、昆虫、小型哺乳动物、蜗牛等为食。

鼷　鹿

鼷鹿是保留着许多原始特征的鹿类动物，大小似兔，体长47厘米左右，体重2千克左右。鼷鹿性情孤独，善于隐蔽，主要在晨昏活动，以植物嫩叶、茎和浆果为食。

非洲雄狮

东北虎

东北虎

东北虎又称西伯利亚虎、乌苏里虎、满洲虎，主要分布于亚洲东北部，即俄罗斯西伯利亚地区、朝鲜和中国东北地区，被列为国家一级保护动物。东北虎是现存体型最大的猫科动物，体魄雄健，行动敏捷。东北虎头大而圆，前额上的数条黑色横纹，中间常被串通，极似“王”字，故有“丛林之王”的美称。东北虎肩高1米左右，体长约3米，尾长约1米，平均体重可达350千克。东北虎夏毛呈棕黄色，冬毛呈淡黄色，毛厚，不畏寒冷。东北虎的背部和体侧具有多条横列黑色窄条纹，通常两条靠近呈柳叶状。

东北虎栖居于森林、灌木和野草丛生的地带，主要捕食野鹿、羊、野猪等大中型哺乳动物，也食小型哺乳动物和鸟。东北虎的爪子和牙齿利如钢刀，锋利无比，可以不费力地撕碎猎物。东北虎白天常在树林里睡大觉，喜欢在傍晚或黎明前外出觅食。东北虎有很强的领域行为，独居，感官敏锐，生性凶猛，行动迅捷，善游泳，善爬树。东北虎的怀孕期为100～105天，一胎生2～4仔，寿命可达20年。

鼩　鼱

鼩鼱外形有点像家鼠，鼻子较长，嘴较尖。鼩鼱昼夜活动或仅在夜间活动，不冬眠，平时独栖，唾液腺中常含麻醉剂，可使俘获物麻醉。

南　蝠

南蝠为蝙蝠科南蝠属动物，夜间出洞捕食飞虫。南蝠主要栖息于海拔400～1700米的大岩洞中，常数只结成小群悬挂于岩洞顶壁。

丛 林 猫

丛林猫身材纤细，体长50～75厘米，身披沙黄、红褐或者是棕灰色的背毛，腹部呈奶白色或淡褐色。多数地区的丛林猫都是晨昏活跃的动物，少数地区的丛林猫白天也会出外捕食。

东北虎

狼

黑背胡狼

狼是食肉目犬科犬属动物，别名张三儿、灰狼。其外形和狼狗相似，身体强壮，四肢矫健。通常情况下狼的耳朵直立，尾始终下垂，从不卷曲。额部较高，口稍宽阔，毛色呈棕灰色。狼的适应性较强，分布范围也较广，在山地、林区、草原、荒漠、半沙漠以至冻原均有狼群的踪迹。狼既耐热，又不畏严寒。在我国，除台湾、海南以外，各省区均产狼。狼常在夜间活动，白天也可见到。其嗅觉灵敏，视觉和听觉良好，有时靠嗅觉来跟踪猎物。

狼是杂食性动物，主要以鹿类、羚羊、兔等为食，有时亦吃昆虫、野果等，是生物链中极关键的一节。狼生性残忍、机警，靠追捕猎食。狼也是群居动物，狼群一般由6～12只狼组成，有时也可达50只以上，狼群具有领域性。狼极善奔跑，奔跑速度可达55千米/小时。狼通常以缓行、爬行、小跑的方式行进。狼有固定的繁殖地、觅食地，每年繁殖一次，寿命为12～15年。

草原狼

草原狼是群居动物，通常群体捕杀大型猎物。草原狼有领域性，群内个体数量若增加，领域范围会缩小。草原狼颇有智慧，可通过气味、叫声来沟通。

红颊獴

红颊獴又叫斑点獴、赤面獴，体长为28～36厘米。红颊獴主要栖息于低海拔的热带山林、山地灌木丛、农田中、水溪边，尤以农作物区的杂木林更为常见。

蒙古狼

蒙古狼体毛呈棕黄色，腹部略白，分布在北温带的草原地区，主要是蒙古草原、内蒙古草原以及俄罗斯东南部地区，主要以黄羊、鹅喉羚、野兔、旱獭等为食。

狼

哺乳动物的角

长角羚羊

许多哺乳动物头部都具有一特殊结构——角，角是哺乳动物头部表皮及真皮特化的产物。哺乳类的角按其形成的部位和形态等，可分为表皮角、洞角、实角、叉角羚角、长颈鹿角等五种类型。表皮产生的为角质角，如牛、羊的角质鞘及犀的表皮角；真皮形成骨质角，如鹿角。

表皮角完全由表皮角质层的毛状角质纤维组成，没有骨质成分，为犀科所特有。表皮角着生于鼻骨正中，位置比较特殊。洞角为牛科动物所特有，由骨心和角质鞘组成，角质鞘常被称为角。洞角成双着生于额骨上，终生不更换并有不断增长的趋势。实角为分叉的骨质角，无角质鞘。新生的实角在骨心上有嫩皮，通常情况下称为茸角，如鹿茸。实角逐渐长成后，茸皮开始老化、脱落，最后仅留下分叉的骨质角，如鹿角。叉角羚角是介于洞角与鹿角之间的一种角型，为雄性叉角羚所特有，雌性叉角羚仅有短小的角心而无角质鞘。长颈鹿角由皮肤和骨构成，骨心上的皮肤与身体其他部位的皮肤几乎没有差别。

白 犀

白犀是现存体型最大的犀牛，体型仅次于象，体重仅次于象和河马。白犀最显著的特征是吻部比较方，头向下，吻部贴近地面，主要食草，性情温顺。白犀主要分布于非洲南部和东北部。

印 度 犀

印度犀又称大独角犀，体型较大，有一个鼻角，身上的皮肤似甲胄，是仅次于白犀的大型犀牛。印度犀主要分布于印度北部和尼泊尔等地。

苏 门 犀

苏门犀是现存最原始、体型最小和唯一被毛的犀牛。苏门犀性情谨慎胆小，分布较零星，数量也极少，现存数百头。

驯鹿

哺乳动物的胃

斑马

哺乳动物中偶蹄目的驼科、鹿科、长颈鹿科和牛科动物的胃比较特殊，被称为反刍胃，而这些动物被称为反刍动物。反刍胃包括4个相通的隔室，按食物经过的次序，从前到后分别叫做瘤胃、网胃、瓣胃、皱胃，前3个胃室又合称为前胃，不分泌胃液。

在四个胃室中，瘤胃最大，占四个胃总容积的80%，内有大量微生物，一部分饲料在此消化；网胃仅占四个胃总容积的5%，但其功能不可小觑，其如同筛子，将随饲料吃进去的重物如钉子、铁丝等存留其中；瓣胃占四个胃总容积的7%，其主要吸收饲料内的水分，并起到挤压和磨碎饲料的作用；皱胃又称真胃，虽占四个胃总容积的8%，但其作用与单胃动物的胃相同，分泌的消化液可消化瘤胃内未消化的饲料和随着瘤胃食糜一起进入真胃的瘤胃微生物。反刍动物吃草时稍加咬啃即吞入瘤胃，可在短时间内大量采食，缩短了在危险采食环境中的停留时间。而在安全环境中或休息时，反刍动物再将这些未经充分咀嚼的食物返回口腔再行咀嚼，保证了消化效率。

单峰驼

单峰驼是偶蹄目的一种大型动物，产于非洲北部、亚洲西部，也有部分是来自苏丹共和国、埃塞俄比亚、非洲之角和索马里。

羊驼

羊驼的毛比羊毛长，光亮而富有弹性。羊驼主要栖息于海拔4000米的高原，适应性较强，采食量不大，耐粗饲，以草为主。羊驼生性温驯，伶俐而通人性，适于圈养。

牦牛

牦牛是世界上生活在海拔最高处的哺乳动物，是草食性反刍家畜。牦牛适应高寒的生态条件，耐粗饲，善走陡坡险路、雪山沼泽，能游渡江河激流，有“高原之舟”之称。

松鼠

猞猁

猞猁为猫科动物，别名猞猁狲、马猞猁。其外形似猫，但比猫大，体重40千克左右，体长90～130厘米；脊背毛的颜色较深，全身布满略像豹一样的斑点，这些斑点使其可以更好的隐蔽和觅食；但毛色变异较大，有乳灰色、棕褐色、土黄色等多种色型；身体粗壮，四肢较长；耳尖上有明显的丛毛，两颊有下垂的长毛，腹毛也很长；尾极短粗，尾尖钝圆。在我国，猞猁主要产于东北、西北、华北及西南，属于国家二级保护动物。

猞猁喜欢独居，无固定窝巢，常生活在森林灌丛地带、密林及山岩上。猞猁为夜行性动物，白天常躺在岩石上晒太阳，或者为了避风雨，静静地躲在大树下；夜晚出来捕食，活动范围视食物丰富程度而定，有占区行为和固定的排泄地点。猞猁听觉、视觉发达，擅长攀爬和游泳，不畏严寒，耐饥性强，常以鼠类、旱獭、兔、鼠兔和一些鸟类为食，有时也猎食体型较小的幼龄岩羊等中型动物。

猞猁

旱 獭

旱獭也叫土拨鼠，体重约4.5千克。旱獭主要分布于北美大草原至加拿大等地区，以素食为主，食物大多为蔬菜、苜蓿草、莴苣、苹果、豌豆、玉米等。旱獭喜群居，善掘土，多数都在白天活动。

鼠 兔

鼠兔的外形似兔子，身材和神态又像鼠类，体型小。鼠兔主要栖息于各种草原、山地林缘和裸崖，挖洞或利用天然石隙群栖。鼠兔多在白天活动，常发出尖叫声，不冬眠，多数有储备食物的习惯。

岩 羊

岩羊又名石羊，因喜攀登岩峰而得名。岩羊体型中等，体长1.15～1.65米，体重25～80千克。岩羊头较小，眼大，耳小，颏下无须，具角，体背面为棕灰色或石板灰色，与岩石的颜色极相近。

浣熊

儒艮

儒艮是海洋中的草食性哺乳动物，主要以海藻、水草等多汁的水生植物以及含纤维的灯心草、禾草类为食，每天要消耗45千克以上的水生植物。儒艮身体呈纺锤形，长约3米，体重300～500千克。儒艮皮肤光滑，外观呈褐色至暗灰色，腹部颜色较背部颜色浅，体表毛发稀疏；头部较小，嘴巨大而呈纵向，舌大，吻端突出有刚毛；没有外耳壳，耳孔位于眼后，没有明显的颈部；无背鳍，鳍肢为椭圆形；胸鳍是幼儒艮主要的推进力来源，成年后以尾鳍为主。

儒艮的分布与水温、海流以及作为其主要食物的海草的分布有密切关系。儒艮主要分布于西太平洋与印度洋海岸，多在距海岸20米左右的海草丛中出没，有时也会移动至较深的海域，但很少游向外海。儒艮常以2～3头的家族群活动，在隐蔽条件良好的海草区底部生活，定期浮出水面呼吸。儒艮性情温顺，视力差，听觉灵敏，平日呈昏睡状。儒艮行动缓慢，即使在被敌人逼赶时，逃跑的速度也不超过11千米/时。

海豚表演

海洋动物表演

灯　心　草

灯心草是多年生草本水生植物，地下茎短，具匍匐性，秆丛生直立，茎基部呈棕色，穗状花序，顶生。灯心草是药用植物，其茎髓或全草入药具有清热、利水渗湿之功效，可用于水肿、喉痹、创伤等症。

座　头　鲸

座头鲸成体体长13米左右，体重25～35吨。座头鲸主食小甲壳类、鳞鱼、毛鳞鱼、玉筋鱼等动物。座头鲸性情温顺，成体之间常以相互触摸来表达感情。

东方田鼠

东方田鼠头部圆胖，体长12～15厘米，在我国分布极广。东方田鼠昼夜均外出活动，但以夜间活动较多，主要栖息于稻田、湿草甸、沙边林地，以植物的绿色部分为食。

哺乳动物的蹄

斑马

蹄是指马、牛、羊、猪等哺乳动物脚趾端的坚硬物。哺乳动物中有偶蹄动物和奇蹄动物。顾名思义，偶为双数，四肢中有双数着地蹄的动物就叫做偶蹄动物。这类动物的蹄一般第三指（趾）和第四指（趾）上才有，且同等发育，共同支持体重，如牛和羊的前后肢第三、第四指（趾）的蹄最发达，直接接触地面，其他各指（趾）或者退化，或者不发达。因为偶蹄动物的距骨有两个滑车面，可以使后肢较自由地伸展和弯曲，所以偶蹄动物比奇蹄动物更善于跳跃。哺乳动物中现存偶蹄动物约有220种，其中包括许多对人类生活有很重要影响的动物。奇蹄动物是指四肢中只有单数的趾端具备蹄，并以此蹄着地奔跑的动物，如马的前后肢都只有1蹄。奇蹄动物多为食草的奔跑兽类，主要以第三指（趾）的蹄最发达，直接接触地面。奇蹄动物多栖居于草原和荒漠，活动于多山地带或高原的开阔地区，耐热、耐寒。还有一些奇蹄动物栖息在热带丛林及水源充足的沼泽地区。

獾

獾体长50厘米，体重可达15千克，身体肥壮，头小，嘴尖，眼小，耳短，脖子短，尾巴短，鼻头有发达的鼻垫，类似猪的鼻子，所以又叫猪獾。獾生性凶猛，视觉差，嗅觉发达。

野　马

野马身长2～2.3米，头很大，没有额毛，耳朵较短。其头和背部是焦茶色，身体两侧较淡，腹部变为乳黄色。野马和今天的家马很像，连齿式和牙齿的构造都相同。

蒙古野驴

蒙古野驴是典型的高原寒漠动物，也是国家一级保护动物，属世界濒危动物。蒙古野驴外形似骡，体长可达260厘米，仅存在于新疆准噶尔盆地，以禾本科、莎草科和百合科的植物为食。

非洲羚羊

哺乳动物的被毛

被毛是哺乳动物特有的、由于表皮角质化而形成的覆于身体表面的一种结构，由毛根和毛干组成。毛根埋于皮肤深处的毛囊内，末端膨大成毛球。毛球的基部为真皮形成的毛乳头，里面有丰富的血管，供应被毛生长所需要的营养。毛囊内有皮肤腺开口，可分泌油脂，以滋润毛和皮肤。毛干是指伸出皮肤表面的部分，由髓质部和皮质部构成。髓质部内有空气间隙（气泡），髓质部越发达，毛保温性能就越好，如北极熊的毛。皮质部含有色素，里面的色素颗粒颜色和髓质部中的气泡使毛呈现不同颜色。毛的颜色有保护和掩蔽动物的功能，有利于动物避敌和捕食。有些动物的毛也可形成第二性征，如雄狮的鬣毛。

哺乳动物的被毛，按照其结构特点可以分为针毛（刺毛）、绒毛和触毛（感觉毛）3种。针毛粗长且坚韧，按照一定

花栗鼠

的方向生长，具有保护作用。绒毛细软且短，位于针毛下层，无毛向，髓质部发达，保温性较强。触毛为特化的针毛，有丰富的神经末梢，能感受外来刺激，如有些动物的眼、鼻孔、唇周围的触须。

豚　尾　猴

小熊猫

豚尾猴是国家一级重点保护动物，因其头顶平而有一毛旋，尾巴形似猪尾巴，又被叫做“平顶猴”或“猪尾猴”。豚尾猴主要栖息于热带、亚热带森林，喜群居，以植物果实为食。

树　　鼩

树鼩外形似松鼠，身长19～20厘米，尾部毛发达，并向两侧分散。树鼩昼夜活动，主要栖息活动于灌木林地区，攀缘流窜，行动敏捷。树鼩胆小，易受惊，以昆虫为主食。

袋　　獾

袋獾体形与鼬科动物相似，体长50～80厘米。袋獾腹部生有育儿袋，出没于灌木与高草生境中，昼伏夜出，常以路边、旷野里的动物尸体为食。

穿山甲

穿山甲标本

穿山甲是鳞甲目鳞鲤科的哺乳动物，体形狭长，成体体长0.5～1.0米，尾长10～30厘米。穿山甲全身鳞甲如瓦状，从背脊中央向两侧排列，呈纵列状，鳞片呈黑褐色。穿山甲四肢粗短，尾扁平且长，背面略隆起。穿山甲头呈圆锥状，眼较小，吻尖；舌长，能伸缩，带有黏性唾液，无齿；耳不发达，视觉基本退化，嗅觉灵敏。穿山甲在我国主要分布于海南、福建、台湾、广东、广西、云南等地，在国外主要分布于越南、缅甸、印度、尼泊尔等地。

穿山甲生长于热带及亚热带地区，多在山麓地带的草丛中或丘陵杂灌丛较潮湿的地方生活，挖穴而居。穿山甲在白天常常藏匿于洞中，并用泥土堵塞；夜间外出觅食，行动活跃，能爬树。穿山甲遇敌时常常蜷缩成球状，坚硬的硬壳令猛兽难以咬碎或下咽。穿山甲的主要食物是白蚁，也食蚁及其幼虫、蜜蜂、胡蜂和其他昆虫幼虫等。穿山甲每年繁殖一次，每胎1～2仔。穿山甲在保护森林、堤坝，维护生态平衡等方面都有很大的作用。

胡　蜂

胡蜂俗名黄蜂，为捕食性蜂类。胡蜂属于完全变态的动物，一生经历四个阶段：卵、幼虫、蛹、成虫，每个阶段的身体外观都不同。世界上已知有5000多种胡蜂，中国记载的有200余种。

越　南

越南全称为越南社会主义共和国，位于中南半岛东部，北与中国接壤，西与老挝、柬埔寨交界，东面和南面临南海。越南是东南亚国家联盟成员之一。

生态平衡

生态平衡是指在一定时间内生态系统中的生物和环境之间、生物各个种群之间，通过能量流动、物质循环和信息传递，使它们相互之间达到高度适应、协调和统一的状态。

穿山甲标本

雪　　兔

兔

雪兔是一类个体较大的野兔，体长45～62厘米，耳朵短，尾巴也短，是我国9种野兔（其余8种为华南兔、草兔、高原兔、塔里木兔、东北兔、东北黑兔、云南兔和海南兔）中尾巴最短的。雪兔善于跳跃和爬山，也适于在雪地上行走，平时活动多为缓慢跳跃。为了适应冬季严寒的雪地生活环境，雪兔在冬季到来时毛色变白，形成与环境相仿的保护色，从而躲过天敌的袭击。

雪兔主要栖息于寒温带或亚寒带针叶林区的沼泽地的边缘、河谷的芦苇丛、柳树丛中及白杨林中，是寒带和亚寒带森林的代表性动物之一。雪兔主要以多汁的草本植物、浆果及树木的嫩枝、嫩叶为食，冬季还啃食树皮。雪兔为夜行性动物，白天隐蔽，夜间活动，无固定的洞穴，多在坑洼处或倒木的枝丫下隐藏。雪兔性情狡猾而机警，喜欢安静，耐寒怕热，喜干怕湿，喜啃咬木头。雪兔的嗅觉十分灵敏，巢穴通常在通风的地方，随时能够嗅到随风飘来的天敌气味。

华 南 兔

华南兔又叫山兔、短耳兔，体长35～47厘米，尾较短。华南兔主要栖息在丘陵、山麓、平原和江湖沿岸杂草坡、灌木丛生处和农田附近。华南兔主要以杂草、麦苗、豆苗、竹笋、树苗等为食。

云 南 兔

云南兔体长33～48厘米，尾长6～11厘米，耳长9～14厘米，体重1.5～2.5千克。云南兔主要分布在我国的云贵高原，巢多筑在茂密的灌丛或草丛中，多在白天活动，食植物性食物。

塔里木兔

塔里木兔又叫南疆兔、莎车兔，体型较小，毛色较浅，耳朵较大。塔里木兔是中国的特产物种，主要分布于新疆塔里木盆地及罗布泊地区的阿克苏、若羌、米兰、阿拉干、库尔勒、巴楚、和田、喀什等地。

小白兔

豪　猪

豪猪又称箭猪，是披有尖刺的啮齿目动物。豪猪身体肥壮，自肩部以后直达尾部密布长刺，不同种类豪猪的刺有不同的形状。平时豪猪身上的棘刺贴附于体表，当豪猪遇到敌害时，尾部的刺立即竖起，由于肌肉的收缩，使身上的硬刺不停地抖动，互相碰撞而发出“唰唰”的响声，以此警告敌人，防御掠食者。豪猪分布广泛，在国外主要见于尼泊尔、锡金、孟加拉国、印度东北部、缅甸、泰国等地，在国内主要分布于秦岭及长江流域以南各省。

豪猪是夜行性动物，白天躲在洞内睡觉，晚上出来觅食。豪猪主要以植物根、茎为食，尤其喜食玉米、花生、番薯等农作物。豪猪还是穴居动物，常栖息于低山森林茂密处，扩大或修整穿山甲和白蚁的旧巢穴而居。其巢穴的构造复杂，通常由主巢、副巢、盲洞和几条洞道组成。这种构造复杂的洞穴，可

豪猪

以有效地防御敌害。由于野生豪猪资源已日益枯竭，甚至面临绝迹，中国林业部门已将其列入保护物种，禁止捕猎。

缅　甸

缅甸的全称是缅甸联邦共和国，是一个位于东南亚的国家，东北靠近中国，东南接泰国与老挝，西南临安达曼海，西北与印度和孟加拉国为邻。

泰　国

泰国全称为泰王国，位于东南亚。东临老挝和柬埔寨，南面是暹罗湾和马来西亚，西接缅甸和安达曼海。泰国的官方语言是泰语，用泰语字母，首都是曼谷。泰国属中低收入国家，且贫富差距问题严重。

番　薯

番薯又名红薯、地瓜，是常见的多年生双子叶植物，其蔓细长，茎匍匐地面。番薯具地下块根，块根纺锤形，外皮土黄色或紫红色。除供食用外，番薯还可以制糖、酿酒和制酒精。

豪猪

哺乳动物的嗅觉

巴西狼

嗅觉是一种感觉，是由物体发散于空气中的物质微粒作用于鼻腔上的感受细胞而引起的。嗅觉感受器位于鼻腔顶部，叫做嗅黏膜，这里的嗅细胞受到某些挥发性物质的刺激就会产生神经冲动，冲动沿嗅神经传入大脑皮层而引起嗅觉。

在哺乳动物中，要说嗅觉十分灵敏的动物，那就是人们生活中比较熟悉的动物——犬。犬的嗅觉神经和脑神经直接相连，嗅觉神经密布于鼻腔，嗅觉灵敏度十分惊人，比人高出40倍以上。它们主要根据嗅觉反馈的信息来识别主人，鉴定同类的性别，识别自己的同伴，辨别路途、方位以及寻找猎物与食物。犬对气味的感知能力可以达到分子水平，如当1立方厘米内含有9000个丁酸分子时，它们就能嗅到，因此犬敏锐的嗅觉被人类应用到众多领域。例如，缉毒犬能够从众多的行李、邮包、车辆中嗅出藏有大麻、可卡因等毒品的包裹或车辆；搜爆犬能够准确地搜出藏在建筑物、车船中的爆炸物；警犬能够根据嫌疑犯在现场遗留的物品、血迹、足迹等进行追踪。

导 盲 犬

导盲犬是工作犬的一种，是经过严格训练的犬。经过训练后的导盲犬可带领盲人安全地走路，当遇到障碍和需要拐弯时，会引导主人停下以免发生危险。

北 山 羊

北山羊又叫悬羊、野山羊等，体长105～150厘米，体重40～60千克。北山羊在国外主要分布于印度北部、阿富汗和蒙古等地，在中国分布于新疆、甘肃西北部、内蒙古西北部。

藏 獒

藏獒又名藏狗，原产于中国青藏高原，是一种高大、凶猛、垂耳的家犬。藏獒性格刚毅，力大凶猛，野性尚存，使人望而生畏，是看家护院、牧马放羊的得力助手。

狐狸

哺乳动物的视觉

关于哺乳动物的视觉，一些研究证实，大多数哺乳动物是色盲。例如马、牛、羊、狗、猫等，它们几乎不会分辨颜色，在它们的眼中，只有黑、白、灰3种颜色。西班牙的斗牛士用红色的斗篷向公牛挑战，人们原以为是红色激怒了公牛，其实不然，是因为斗篷在公牛眼前不断地摇晃，使它受到烦扰而激怒了它。与人类亲缘关系较近的猿猴也是色盲，家鼠、田鼠、花鼠、松鼠等也不能分辨颜色，长颈鹿也只能分辨黄色、绿色和橘黄色。

虽然大多数哺乳动物是色盲，但它们中的一些成员却有着很好的夜视能力，如老鼠、狼、猫等。动物眼睛中有两种视觉细胞，一是视锥细胞，二是视杆细胞。而猫的视网膜中，对微弱光线有灵敏反应的视杆细胞比较多，因而它有着超强的夜视能力，当周围昏暗的时候，它的瞳孔就扩大至眼球表面的90%，微弱的光亮足以帮助其觅取猎物。狼、老虎等动物的眼睛结构比较特殊，其眼底呈凹面镜形，类似于车头灯或手电筒的内壳，能将投入的光聚焦到焦点上。

棉耳绒猴

花栗鼠

社　鼠

社鼠别名硫黄腹鼠、白尾巴鼠，属于啮齿目鼠科。社鼠分布广泛，是丘陵山地林区常见的害鼠，它取食林木、果树的嫩叶、果实及毗邻的农作物，为林区的主要害鼠之一。

中华竹鼠

中华竹鼠简称竹鼠，是中国南方最珍贵的特种野生动物之一。中华竹鼠穴居生活，昼伏夜出，是植食性动物，可摄取各类竹子、甘蔗、玉米等的根茎、种子和果实为食。

狍

狍俗称草上飞，为鹿科反刍草食动物，是国家二级保护动物。狍黑鼻，黑眼，白嘴唇，大耳朵，白屁股。狍是纯植食性动物，主要以各种草、树叶、嫩枝、果实、谷物等为食。

蝙　蝠

蝙蝠是翼手目动物的总称，除极地和大洋中的一些岛屿外，分布遍于全世界。蝙蝠主要依靠回声来辨别物体，具有敏锐的听觉定向（或回声定位）系统，有“活雷达”之称。有一些蝙蝠的面部进化出特殊的增加声呐接收的结构，如鼻叶、脸上多褶皱和复杂的大耳朵。蝙蝠是唯一真正能够飞翔的兽类，它们虽然没有鸟类那样的羽毛和翅膀，飞行本领也比鸟类差很多，但其前肢已进化成翼。蝙蝠的翼由爪子之间相连的皮肤(翼膜)构成。除翼膜外，蝙蝠全身覆盖着毛，背部呈现深浅不同的灰色、棕黄色、褐色或黑色，而腹侧颜色较浅。蝙蝠的吻部很像啮齿类动物或狐狸，颈较短，胸及肩部宽大，胸肉发达，而髋及腿部细长。

蝙蝠是夜行性动物，白天憩息，夜间觅食。蝙蝠的食性较

蝙蝠

广，有些种类喜爱花蜜、果实，有的喜欢吃鱼、青蛙、昆虫，甚至吸食动物血液。全世界共有900多种蝙蝠，中国约有81种，大体上分为大蝙蝠和小蝙蝠两大类。大蝙蝠一般以果实或花蜜为食，而大多数小蝙蝠则以捕食昆虫为主。

回声定位

蝙蝠

回声定位是指某些动物能通过口腔或鼻腔把从喉部产生的超声波发射出去，利用折回的声音来定向的方法。有些船上装有回声测深器，这种仪器会把声波送到海里。

吸血蝙蝠

吸血蝙蝠是蝙蝠科所有种类的吸血蝙蝠的统称，没有外露的尾巴，毛色主要呈暗棕色。吸血蝙蝠在天黑之后才开始活动，每晚定时觅食，主要吸食动物的血液，不同种类的吸血蝙蝠的吸血对象也有所不同。

狐　　蝠

狐蝠是世界上最大的蝙蝠种类，以大眼睛、短尾或无尾、耳朵结构简单、口鼻部较长为特征。由于头形似狐，口吻长而伸出，故称狐蝠。狐蝠冬季隐藏于洞穴中冬眠。

双 峰 驼

双峰驼

双峰驼，又名野骆驼，体长3米，肩高1.8米，重800～1000千克。双峰驼的身躯比家骆驼细长，背有双峰，脚略小，毛也较短。双峰驼有着很长的眼睫毛，鼻孔有瓣膜，可以完全闭住眼和鼻，这是对多风沙地区的一种适应。双峰驼嗅觉十分灵敏，耐饥渴，可以10多天甚至更长时间不喝水，在极度缺水时，能将驼峰内的脂肪分解，产生水和热量。双峰驼还耐高温、严寒，抗风沙，善长途奔走，在短时间内可奔跑数百千米。

双峰驼仅分布于塔克拉玛干沙漠、罗布泊、阿尔金山北麓和中蒙边境的荒漠地带无人区，共残存800只左右。在我国主要有3个双峰驼品种，即阿拉善双峰驼、新疆双峰驼、苏尼特双峰驼。双峰驼常栖息在草原、荒漠、戈壁地带，随季节变化而有迁移。双峰驼主要以梭梭、胡杨、沙拐枣等各种荒漠植物为食。双峰驼为群居性动物，常结成4～6只的小群，很少见12～15只的大群。我国已经把双峰驼列为一级保护动物，禁止对其进行捕杀。

塔克拉玛干沙漠

塔克拉玛干沙漠是中国最大的沙漠，位于中国新疆的塔里木盆地中央，也是世界第二大沙漠，同时还是世界最大的流动性沙漠。

罗 布 泊

罗布泊是指中国新疆维吾尔自治区东南部湖泊，位于塔里木盆地的最低处。罗布泊曾是牛马成群、绿林环绕、河流清澈的生命绿洲，现已成为一望无际的戈壁滩。

梭 梭

梭梭树是一种长在沙地上的固沙植物，是征服沙漠的先锋。梭梭树也可以作为牲畜的饲料，名贵中药苁蓉就寄生在梭梭的根部。

骆驼

哺乳动物的生殖特点

熊猫

哺乳动物的生殖特点是胎生，哺乳动物中除鸭嘴兽、针鼹是卵生外，其他的都是胎生动物。胎生是动物的受精卵在动物体内的子宫里发育的过程，动物的幼体在母体内发育到一定阶段以后才脱离母体。胎生动物的胚胎发育所需要的营养直接从母体获得，直至出生时为止。人的生殖方式也是胎生。

胎生动物的受精卵很小，少卵黄质。在母体的输卵管上端，卵子与父体的精子结合形成受精卵，然后发育成早期胚，并下降到子宫，着床在母体的子宫内壁上，借由胎盘与母体相联系，吸收母体血液中的营养成分及氧气，把二氧化碳和废物通过母体血液排出。待胎儿成熟后，经子宫收缩把幼体排出体外，一个独立的新生命就诞生了。胎生和哺乳，保证了哺乳动物后代具有较高的成活率。胎生为胚胎的发育提供了保护、营养以及稳定的恒温发育条件，保证了代谢活动和酶活动的正常进行，最大程度降低了外界环境条件对胚胎发育的不利影响。

鸭 嘴 兽

鸭嘴兽是最原始的哺乳动物之一，尾巴扁而阔，前、后肢有蹼和爪，适于游泳和掘土。鸭嘴兽仅分布于澳大利亚东部约克角至南澳大利亚之间，穴居在水边，以蠕虫、水生昆虫和蜗牛等为食。

毛耳飞鼠

毛耳飞鼠又叫绒耳鼯鼠、毛足飞鼠，体长约18厘米，是我国南方的一种小型鼯鼠。毛耳飞鼠背面毛色棕褐，间有花白细斑纹，往往成对活动。

河 狸 鼠

河狸鼠是大型啮齿类动物，体长43～65厘米，体重5～10千克。河狸鼠体躯短粗，尾长且呈圆形。河狸鼠主要以植物根、茎、枝叶为食，也食软体动物。

大象

哺乳动物的体尺量度

体长是小型动物（从腹面量）自吻端至肛孔前缘的直线长度，大型动物自吻端沿脊背至尾基的直线长度。尾长是大型动物自尾根至尾端的直线长度（端毛除外），小型兽自肛孔后缘至尾端的直线长度（端毛除外）。后足长是自踵部（跟关节）的最后端至最长趾端（爪除外）的直线距离，有蹄类测到蹄的前端。耳长是自耳基部缺口至耳壳顶端（端毛除外）的距离，耳壳呈管状者则自耳壳基部（如跳鼠、兔、有蹄类）至耳端（端毛除外）。头长是吻端至两耳间连线中点的最短距离。前臂长是由腕关节至肘关节的长度（翼手目）。胸围是前肢后面胸部的最大周长。肩高是肩部背中线至前肢指末端（蹄在内）的直线距离。臀高是臀部背中线至后肢末部（蹄在内）的直线距离。前腿长是肘关节至趾末端（蹄在内）的长度。胫长是跟

西伯利亚虎

关节至膝关节的距离。吻宽是自齿列外缘沿犬齿后测量的最小宽度。颅全长是头骨最大长度，是指从吻端（最前突出部位）至枕髁后缘（最后突出部位）的直线长度。

翼　手　目

翼手目动物的特征包括特化伸长的指骨和链接期间的皮质翼膜，前肢拇指和后肢各趾均具爪，发达的胸骨进化出了类似鸟类的龙骨突以利胸肌着生，发达的听力等。

驯鹿

果　子　狸

果子狸也叫花面狸、白鼻狗、花面棕榈猫，善于攀缘，杂食性，以野果和谷物为主食。果子狸为夜行性动物，主要栖息于森林、灌木丛、岩洞、树洞或土穴中。

食　蟹獴獴

食蟹獴也叫山獾、石獾、水獾，体长40～60厘米，体重1～2千克。其有一对臭腺，腺外有小开口，常以喷气、尖叫来自卫。食蟹獴多在白天活动，行动机警敏捷，以鼠类和蛇类为食。

陆生哺乳动物的运动方式

大部分陆生哺乳动物是用四条腿行走的“蹄行”或“趾行”动物，其运动规律可以分解为四条腿两分两合做左右交替，即对角线换步的走路方式，例如先迈右前足，对角线的左后足跟上，接着是左前足向前，然后是右后足向前，这样就形成了一个完整的步伐。

按行动的快慢，可将陆生哺乳动物的运动概括为行走、奔跑和跳跃。行走时，前腿抬起，腕关节向后弯曲；后腿抬起，踝关节朝前弯曲。由于行走时腿部关节的屈伸，使身体稍有高低起伏，头部也会上下略有点动。陆生哺乳动物的奔跑与行走时动作相似，但跑得越快，四条腿的交替分合越不明显，有时会变成前后各两条腿同时屈缩。在快速奔跑过程中，四条腿有时呈腾空状态，身体上下起伏较大。陆生哺乳动物在跃出前，先将躯干收缩成蹲状，蓄积力量，利用后腿有力一蹬，把身躯弹出。在跳跃过程中，身体呈悬空状态，前

松鼠

肢弯起伸向前方，着地时前肢先接触地面，为了承受惯性，身体会由挺直到蜷缩。后腿着地后，冲力减弱，身体恢复原状。

矮　马

矮马指成年体高在106厘米以下的马，因其小巧玲珑、天资聪颖、性情温顺而深受人们的喜爱。目前世界上最著名的矮马是英国的设特兰矮马和中国的德保矮马。

水　鹿

水鹿体长1.3～1.4米，体重200～250千克，主要栖息于阔叶林、混交林、稀树的草场和高草地带，清晨、黄昏觅食。水鹿主要分布于中国、斯里兰卡、印度、尼泊尔、中南半岛以及东南亚等地区。

大灵猫

大灵猫俗称香猫、九江狸、九节狸，国家二级保护动物。大灵猫生性机警，听觉和嗅觉都很灵敏，善于攀登树木，也善于游泳，主要在地面上活动。

雄狮

穴居哺乳动物

豚鼠

有一些哺乳动物（主要是一些啮齿类动物），它们过着穴居的生活，喜欢在沙丘上挖洞居住。子午沙鼠、长爪沙鼠、大沙鼠、跳鼠等都是穴居动物，但典型代表是跳鼠，常见的有三趾跳鼠和五趾跳鼠。五趾跳鼠主要分布于我国西北、华北以及俄罗斯、亚洲中部、蒙古、朝鲜等地的荒漠地带。五趾跳鼠体长15厘米左右，体重约120克；头大，眼睛也大，耳朵比家鼠长；背部为棕黄色，腹面为白色；后腿较长，脚底下有硬毛垫，适于在沙地上跳跃。跳鼠通常白天躲在洞中，夜间出来活动。跳鼠主要以植物种子和昆虫为食。入秋以后，由于日照缩短，气温降低，食物变少，为了应对漫长的冬季，跳鼠开始进入冬眠。跳鼠通常从9月末开始蛰眠，一直到翌年4月初才出蛰。

穴居动物在洞穴中，可以躲避敌人和避暑，保护自己避免一切侵害；生活在沙漠的穴居动物，体色大多为沙黄色，这样的体色与沙漠环境极相似，能很好地隐蔽自己，起着保护作用。

黑线姬鼠

黑线姬鼠外形酷似小家鼠，体长6～12厘米，背部中央有一条黑线。黑线姬鼠主要栖息于湿草甸、杂草丛、各种农田、粮堆、草垛下。黑线姬鼠在夜间活动，以植物性食物为主。

刺猬

花　　鼠

花鼠属啮齿目、松鼠科，尾毛蓬松，生性温顺，易驯养。花鼠栖息于林区及林缘灌丛和多低山丘陵的农区，喜食种子、坚果及浆果，有贮藏食物和冬眠的习性。

针　　鼹

针鼹的外形很像刺猬，尾很短，体长40～50厘米。针鼹的体毛有的变成坚硬的刺，刺间和腹面有细毛。针鼹多在夜间活动，穴居，有冬眠现象，主要以蚁类和其他虫类为食。

独居哺乳动物

犀牛

独居是指在有单位集群的社会中不属于集群而单独行动的个体。在哺乳动物中，猫科动物多数都是独居动物，狮子是唯一雌雄群居的猫科动物。猫科动物均为肉食性动物，因为采食量较大，所以无法群居生活，如各种虎、豹；有些成年动物会残杀幼兽，也无法群居生活，比如各种熊。独居动物对基因扩散和回避近亲交配具有积极作用。

猫科动物分布广泛，从热带树林到沙漠荒丘、寒冷的草原和高原都有其身影，其身上都具有斑纹，通常无声前行，常用一短距离的猛冲来捕获猎物。猫科动物体表缺乏汗腺，但在趾垫间、掌垫间、唇部、喉部、乳头区和肛门区等处均有发达的汗腺。猫科动物独居生活，有着自己的领域，即巡猎活动范围。每一领域均被留居的动物作出种种标记，用爪抓搔树木，将尿、粪便、唾液或由特定腺体所分泌的物质擦抹在石块、树桩、土墩或其他突出点上。独居哺乳动物的领域范围随种类的不同而不同，如华南虎的领域直径约10千米，与其相比，狸猫的领域要小很多。

狸　猫

狸猫又叫豹猫、山猫，为国家二级保护动物。狸猫是肉食性动物，善于奔跑，会偷袭，能攀缘上树，常活动于林区，也见于灌木丛中。狸猫胆大、凶猛，夜间出来活动，常以伏击的方式猎捕其他动物。

犀　牛

犀牛是最大的奇蹄目动物，体长2.2～4.5米，肩高1.2～2米，体重3吨左右。犀牛腿短，身体粗壮，皮厚粗糙，主要分布于非洲和东南亚。犀牛胆小，爱睡觉，喜独居。

缟鬣狗

缟鬣狗皮毛呈浅灰色或淡黄色，上有垂直的褐色或黑色条纹。缟鬣狗体长1～1.5米，有时群居，有时独居，白天和黑夜都可以活动，主要分布于非洲北部和东北部、南亚和中近东一带。

白犀牛

群居哺乳动物

斑马

与独居动物相对，有一些动物以群体生活，在生活中无论进食、睡觉、迁移等行为都以集体为单位，彼此间相互关照、相互协助。在哺乳动物中也有许多以群居的方式生活的动物，如狼、豺、鬣狗等犬科动物，金丝猴、黑猩猩、狒狒、长臂猿等灵长目动物，老鼠等啮齿目动物，角马、羚羊、藏野驴、野马、斑马、犀牛、大象、非洲水牛等草食哺乳动物，虎鲸、蓝鲸、座头鲸等海洋哺乳动物。

典型的群居哺乳动物代表鬣狗，过着母系社会体系的群居群猎生活，雌性个体比雄性个体大很多。鬣狗外形略像狗，站立时肩部高于臀部；毛为棕黄色或棕褐色，带有许多不规则的黑褐色斑点；头短而圆，额部宽；前肢长，后肢短，四肢各具4趾，爪大，弯且钝，不能伸缩；尾巴较短。鬣狗主要生活在热带或亚热带地区，以食用兽类尸体腐烂的肉维生。鬣狗常常三五成群地进行围猎，它们有着超强的咬力，甚至能咬碎骨头吸取骨髓，是非洲大草原上凶悍的清道夫。

斑　鬣　狗

斑鬣狗毛色为土黄或棕黄色，带有褐色斑块。斑鬣狗成群活动，生性凶猛，可以捕食斑马、角马和斑羚等大中型草食动物。斑鬣狗善奔跑，时速可达40～50千米，最高时速为60千米。

棕　鬣　狗

棕鬣狗身上没有斑纹，体毛主要呈棕褐色，但也有灰色、赤色、近黑色等色形变化，一般头部、上背、肩部等毛色较浅，其他部位毛色较深，四肢外侧有横行的棕褐色与白色相间的条纹。

非洲水牛

非洲水牛也称非洲野牛、非洲野水牛，是非洲的五大兽之一，也是非洲草原上最常见的动物。非洲水牛性情凶猛，难以驯化，常群体活动，是纯素食动物。

猴子

海　　豹

斑海豹

在海洋公园里大家也许见过海豹，它头部圆圆的，身体浑圆，呈纺锤形，貌似家犬。经过驯兽员训练的海豹，还会表演玩球等节目，时常逗人发笑。海豹是肉食性海洋哺乳动物，被毛稀疏，四肢变为鳍状，适于游泳。但当它在陆地上活动时，总是拖着累赘的后肢，将身体弯曲爬行，并在地面上留下一行扭曲痕迹。海豹皮下脂肪很厚，显得膘肥体胖，主要捕食各种鱼类、头足类和甲壳类动物。海豹分布于全世界，从南极到北极，从海水到淡水湖泊，都有海豹的足迹，但是在寒冷的两极海域特别多。海豹除产仔、休息和换毛季节需到冰上、沙滩或岩礁上之外，大部分时间栖息在海中。

在海豹的发情期，数只雄海豹疯狂追逐一只雌海豹的情景不断上演，为了能够赢得雌海豹，雄海豹不惜一切代价与其他雄海豹争斗，用牙齿啃咬对方，有些雄海豹的毛皮便因此而被撕破，鲜血直流。战斗结束，只有胜利者才能得到雌海豹。

髯 海 豹

髯海豹体长2.6～2.8米，体重400千克左右，全身为棕灰色或灰褐色，以背部中线附近的颜色最深，向腹面逐渐变淡，体表没有斑纹，主要以海洋中的底栖生物为食。

海豹、海狮、海狗的区别

海豹的后肢向后伸，不能前弯，无法在陆地直起身来；海狮的后肢能前弯，因此身体能立起来，可以进行表演；海狗的外形酷似海狮，但体表多毛。

冠 海 豹

冠海豹体色银灰，具深褐、褐黑或黑色斑点。当雄性冠海豹被激怒时，头部会出现膨胀的头骨冠和鼻球。冠海豹主要以乌贼、鲑鱼、章鱼、鲱、鳕等为食。

斑海豹

海　豚

海豚

海豚属于哺乳纲鲸目齿鲸亚目海豚科，是体型较小的鲸类，分布于世界各大洋。身体修长呈纺锤形，体长1.2～4.2米，体重200千克左右。背鳍位于身体中部，略呈三角形。尾鳍比较宽大，胸鳍呈镰状。海豚有较小的耳孔，眼呈椭圆形。海豚生性活泼，行动敏捷，是一种本领超群、聪明伶俐的海中哺乳动物。

很多人误以为海豚是一种鱼类，其实它和鲸鱼都是哺乳类动物，是恒温、用肺部呼吸、怀胎产子及用乳汁哺育幼儿的动物。海豚食性较广，常在浅水及多岩石的地方捕食，栖息地主要为浅海，很少游入深海，主要以小鱼、乌贼、虾、蟹为食。海豚喜欢群居，很少单独活动，一般结成十几头至几十头，甚至上百头。海豚有惊人的听觉，可靠回声定位判断目标的远近、方向、位置、形状，甚至物体的性质。海豚是游泳和潜水能手，游泳时最快时速可达70千米，并且在水面换气一次可在水下维持20多分钟。

乌　贼

乌贼又称墨斗鱼、墨鱼，是软体动物门头足纲乌贼目的动物。乌贼足已特化成腕和漏斗，在遇到强敌时会以“喷墨”作为逃生的方法，伺机离开。

鼠海豚

鼠海豚是一种齿鲸，背部黑色，腹部白色，背鳍、胸鳍和尾鳍以及尾鳍的根部也是黑色的。鼠海豚是北海和波罗的海中最常见的齿鲸，主要以鱼、甲壳动物和乌贼为食。

宽吻海豚

宽吻海豚又叫尖嘴海豚、胆鼻海豚，皮肤光滑无毛，体背面是发蓝的钢铁色和瓦灰色，吻较长，嘴短小。宽吻海豚主要以带鱼、鲅鱼、鲻鱼等群栖性的鱼类为食。

海豚表演

哺乳动物的迁徙

羚羊

迁徙是指动物周期性的较长距离往返于不同栖居地的行为。一般情况下，动物的迁徙都是定期的、定向的，而且多是集成大群地进行，尤其是哺乳动物。每年入冬，成千上万头的驯鹿踏着皑皑白雪，汇集成巨大的鹿群，浩浩荡荡，从北向南，朝森林冻土带的边缘地带转移。等到春天一到，它们又向着北方的北冰洋沿岸进发，离开它们越冬的亚北极地区的森林和草原。一路上，雌鹿负责带路，雄鹿一直在鹿群的尾部负责保护工作，幼鹿跟随着母鹿，秩序井然，跋山涉水，不畏艰难险阻，不避蚊虫叮咬，日夜兼程，向着同一个目标，勇敢前进。沿途驯鹿还脱掉厚厚的冬装，生出新的薄薄的夏衣。

大群驯鹿在迁徙途中，总会遇到一群敌人——狼。“敌人”虎视眈眈，搜寻体弱多病的驯鹿。狼的奔跑速度和耐力都没有健康的驯鹿快，所以它们只能尾随在鹿群后面寻找偷袭的机会，一旦有掉队者，便发起攻击。一场生命的角逐拉开了序幕，原本沉寂无声的北极苔原大地顿时发出惊天巨响，尘土漫天飞扬。

驯　　鹿

驯鹿又名角鹿，主要分布于北半球的环北极地区，包括在欧亚大陆和北美洲北部及一些大型岛屿。在中国驯鹿只见于大兴安岭东北部林区。

苔　　原

苔原是极地或高山永久冻土分布区，以地衣、苔藓、多年生草本和小灌木组成的无林的低矮植被。苔原植物多为多年生的常绿植物。

麝　　猫

麝猫的外表像猫，身体细小及柔软，以浓密的原始阔叶林为主要栖息环境。麝猫属夜行性动物，性孤独隐秘，常单独行动，主要以鼠类、爬虫类和昆虫为食。

藏羚羊

哺乳动物换毛

被毛定期脱落更新，称为换毛。严格地说，所有的哺乳动物都会换毛，为了与环境相适应，动物们也适时增减“衣物”。不同哺乳动物的换毛方式不同：有些哺乳动物每年只换毛一次，如狐狸、大鼠等；有些哺乳动物一年中换毛两次，如水貂、松鼠等；有些哺乳动物的毛则经常不断更新，如绵羊；有些哺乳动物仅在胎体时有毛，成体全身或大部分无毛，如鲸、象等；有些哺乳动物的被毛已特化成刺、棘和角，如刺猬的刺、豪猪的棘刺和犀牛的角。

动物毛绒的脱换存在着一定的顺序。春季换毛通常是从头、颈和前肢开始，然后沿两肋、腹部进而扩展到背部，臀部和尾部最后脱换。新生的夏毛也是按此顺序生长。秋季换毛顺序恰与春季换毛顺序相反，先从尾部、臀部开始，逐步向前扩展到躯干，最后到四肢及头部。新的冬毛也是按此顺序生长。尾部和臀部的毛最早脱换，但成熟最迟。不同

沙狐

种类的动物换毛顺序也不相同，狐的毛绒脱换则从腿和腹部开始，再由头部向臀部扩展。

羚 牛

羚牛的外形似牛，是一种分布在喜马拉雅山东麓密林地区的大型牛科动物。羚牛四肢粗壮，全身毛色为淡金黄色或棕褐色，颌下和颈下长着胡须状的长垂毛。

绵 羊

绵羊是常见的草食性反刍家畜，在世界各地均有饲养。绵羊身体丰满，体毛绵密，毛色为白色。绵羊性情胆怯，耐渴，可以为人类提供肉和毛皮等产品。

土 狼

土狼的外形与鬣狗相似，体长80厘米，肩部高而臀部低，从头后到臀部的背中线具有长鬣毛，全身棕色，但体侧和四肢均有棕褐色条纹。土狼主要分布于非洲西海岸和南部。

熊猫

雪　豹

雪豹终年生活在雪线附近，永久冰雪高山裸岩及寒漠带的环境中，为了和环境相适应，皮毛雪白，因而得名雪豹，又名草豹、艾叶豹。雪豹是一种濒危动物，已被列入国际濒危野生动物红皮书。雪豹体型比豹略小，体长1.1～1.3米，体重可达80千克。雪豹毛长密而柔软，全身呈灰白色，布满黑色斑点和黑环；头部小而圆，黑斑小而密；尾粗大，毛蓬松，尾尖黑色；背部及体侧黑环中有小黑点；四肢外缘的黑环内为灰白色，无黑点。

雪豹常栖于空旷多岩石、海拔为2500～5000米的高山上，捕食山羊、岩羊、斑羚、鹿、野兔、盘羊等动物，有时也袭击牦牛群、咬倒掉队的牛犊。雪豹的捕食方式通常以伏击式猎杀为主，辅以短距离快速追杀。它们把身体蜷缩起来隐藏在岩

雪豹

石之间，由于身上的花纹色彩与裸岩块斑相似，很难被辨别出来，当猎物路过时，突然跃起来袭击猎物。雪豹生性机警，感官敏锐，行动敏捷，善于攀爬和跳跃。

盘　羊

盘羊俗称大角羊、盘角羊，为国家二级保护动物。盘羊体长1.5～1.8米，体重110千克左右，躯体肥壮，体色一般为褐灰色。盘羊主要分布于亚洲中部广阔地区。

盘羊

云　猫

云猫是一种中小型食肉动物，体型略小于豹猫，体重2～6千克，体长46～63厘米，尾长45～56厘米。云猫数量非常稀少，在我国已属渐危种甚至为濒危种。

漠　猫

漠猫又称荒漠猫、草猞猁、中国山猫，是中国的特有物种，中国濒危动物。漠猫身形较为粗壮，四肢比较短，性情孤僻，主要以鼠类、鼠兔、旱獭、鸟类等为食。

哺乳动物的进步性特征

哺乳动物与两栖动物相比，具备了许多独特的特征，哺乳和胎生是哺乳动物最显著的特征，其大大提高了后代的成活率、增强了对自然环境的适应能力。

哺乳动物全身被毛，胎生，一般分为头、颈、躯干、四肢和尾五个部分；有了更好的体温调节系统，可保持体温恒定；繁殖效率提高；获得食物及处理食物的能力增强；用肺呼吸；智力和感觉能力得到进一步发展；脑较大而发达；胚胎在母体里发育，母体直接产出胎儿；母兽都有乳腺，能分泌乳汁哺育胎儿。上述身体各部分结构的改变，包括脑容量的增大和新脑皮层的出现，视觉和嗅觉的高度发展，听觉能力的进一步提高；牙齿和消化系统的特化，提高了食物的有效利用率；四肢的特化增强了运动能力，有助于食物的获得和对敌害的逃避；呼吸、循环系统的完

松鼠

善，独特的被毛覆盖体表，可以更好地维持其恒定的体温，从而保证哺乳动物在广阔的环境条件下生存。

坡　　鹿

坡鹿为中型鹿类，外形与梅花鹿相似，体长为160厘米左右，体重60～100千克。坡鹿花斑较少，颈、躯体和四肢较细长，被毛呈黄棕、红棕或棕褐色，背中线黑褐色。

棕足鼯鼠

棕足鼯鼠又称红背鼯鼠、栗背大鼯鼠，是中华鼯鼠的一种，国家二级保护动物。棕足鼯鼠昼伏夜出，警觉性高，常单独活动，以树木的果实、种子、嫩芽、嫩叶以及昆虫等为食。

复齿鼯鼠

复齿鼯鼠也叫黄足鼯鼠、橙足鼯鼠，是中国特有种。复齿鼯鼠体长30厘米左右，体背面为黄褐带，前后足背面为鲜黄褐色。复齿鼯鼠常在陡峭山崖的岩洞或石隙内营巢。

狮子

最大的哺乳动物——蓝鲸

蓝鲸标本

蓝鲸身长可达30米，体重约170吨，是世界上最大的哺乳动物，遍布全球各大洋海域。蓝鲸主要栖息于南冰洋、印度洋和南太平洋。蓝鲸背部呈青灰色，在水中时看起来颜色会比较淡，身体瘦长，肚皮布满褶皱，带有赭石色黄斑。蓝鲸的背鳍位于身体长度的3/4处，形状因个体的不同而不同，较小，只在下潜过程中短暂可见。蓝鲸其他的鳍非常醒目，形状好似镰刀。蓝鲸的尾巴宽阔平扁，能在水中灵活地摆动，成为蓝鲸前进的动力，时速可达27千米。尾巴也起着舵的作用，掌握前进的方向。

蓝鲸主要以磷虾、水母、硅藻等浮游生物为食，一头蓝鲸每天要进食小磷虾约4吨。蓝鲸常在水面张开血盆大口吞入大群的磷虾，同时吞入大量的海水。然后蓝鲸闭嘴挤压腹腔和舌头，滤出海水，当口中海水排净后，吞下剩下的不能穿过鲸须板的磷虾。蓝鲸每次浮出水面换气时，会从鼻孔内喷射出高达10米左右的水柱。如果风平浪静，蓝鲸喷出的这道壮观的垂直水柱在几千米外都可以看到，远远望去，宛如一股喷泉。

小 须 鲸

小须鲸，又称明克鲸、尖嘴鲸，为小型须鲸的一种，以虾类及小型鱼类为食。小须鲸主要分布于太平洋及大西洋。

抹 香 鲸

抹香鲸是世界上最大的齿鲸，身体的背面为暗黑色，腹面为银灰色或白色。抹香鲸的头部特别大，几乎占体长的1/4～1/3。抹香鲸在所有鲸类中潜得最深、最久，因此号称为动物王国中的“潜水冠军”。

鲸鱼

水 母

水母是无脊椎动物腔肠动物门的成员，是海洋中重要的大型浮游生物。全世界的海洋中有超过200种的水母，其分布于全球各地的水域里。水母的寿命很短，平均只有几个月的生命。

最大的陆生哺乳动物——象

大象

象属于脊索动物门哺乳纲长鼻目象科。长鼻目曾经有6科，其中5科已灭绝，仅余象科。象科包括2属两种动物，即亚洲象和非洲象。亚洲象是我国一级野生保护动物。象是现存最大的陆生哺乳动物，体高达2米，体重为3～7吨。象也是最长寿的哺乳动物，寿命可达80年。它的嗅觉和听觉发达，但视觉较差，鼻子较长，鼻端生有指状突，能捡拾细小物品。长长的鼻子就如同人类的胳膊和手，能将水与食物送入口中，是象取食和自卫的有效工具。象还有巨大的耳朵，如同一把扇子，其具有散热的功能。被毛稀疏，体色浅灰褐色。四肢粗壮，如同柱子支撑着笨重的身体。

大象是群居性动物，常以家族为单位，多栖息于丛林、草原和河谷地带。大象主要以植物为食，食量极大。在印度大象是一种颇受敬畏的动物，各种节日活动中都能看见大象盛装出席，很受人们欢迎。象牙一直被视为名贵的雕刻材料，价格昂贵，导致大象遭到大肆偷猎捕杀，使数量急剧下降。

亚　洲　象

亚洲象是亚洲大陆现存最大的动物，也是我国一级野生保护动物。亚洲象身高约2.9米，重可达6吨，喜群居生活，每群数头或数十头不等。

非　洲　象

非洲象是非洲大陆最常见的野生动物，体躯庞大而笨重，喜群居，性情警惕而暴躁。非洲象主要以草、草根、树芽、灌木、树皮、水果和蔬菜等为食。

苏门答腊象

苏门答腊象身高2.5~2.9米，成年体重3.5~5.5吨，会随着季风气候进行季节性迁徙。苏门答腊象仅分布于苏门答腊岛，且濒临灭绝。

大象

最高的哺乳动物——长颈鹿

长颈鹿是世界上最高的陆生哺乳动物，也是反刍偶蹄动物。长颈鹿如其名字一样，有着长长的脖子，可以吃到其他动物无法吃到的，如在较高地方的新鲜嫩树叶和枝芽。长颈鹿头上生有一对角，终生不会脱落。两只大眼睛是天生的“瞭望塔”，可以观测更远处的敌情，就如同那句话所说，“站得高望得远”。长颈鹿身上布满了网状的纹路，是一种天然的保护色。长颈鹿的舌头也很长，大约有50厘米，可以更方便的采食树叶等。身高为4.5～6.0米，体重达900千克，雄性个体比雌性稍大。长颈鹿主要分布在非洲东部和南部，生活在稀树草原和森林边缘地带。

长颈鹿是群居动物，一般10多头生活在一起，偶尔可见几十头在一起生活。有时长颈鹿和斑马、鸵鸟、羚羊混群，构成一个大家庭。长颈鹿生性谨慎、机警，嗅觉和听觉十分敏锐，

长颈鹿

在采食树叶的时候还不断转动耳朵以寻找声源。平时看起来很悠闲的长颈鹿，在遭遇敌情时，却会以时速50千米的速度逃离。

毛冠鹿

毛冠鹿俗称隐角鹿，外形颇似鹿，体长1.4～1.7米。毛冠鹿只产于中国，广泛分布于中国亚热带丘陵地区，北至秦岭，西至西藏东部，南至北回归线附近。

长颈鹿

小麂

小麂是一种小型的鹿科动物，头部为鲜棕色，体毛呈棕褐色，颈背部较深，呈暗褐色，腹面从前胸至肛门周围均为白色。小麂栖息在稠密的灌丛中，主食野果、青草和嫩叶。

贡山麂

贡山麂为偶蹄目鹿科麂属动物，多夜间活动，清晨和黄昏活动较频繁，白天活动较少。贡山麂仅分布于中国云南与缅甸交界的高黎贡山区域，海拔2000米的高山阔叶林中。

树　懒

树懒外形和猴子相似，主要在热带森林中活动。树懒动作比较迟缓，因常用爪倒挂在树枝上数小时不移动而得名。树懒已进化成为树栖的哺乳动物，丧失了地面活动的能力。树懒的头骨短而高，鼻吻较缩短，具有颧弓。树懒体型较小，体重4～7千克，体毛长而粗。树懒是树栖的植食性哺乳动物，以树叶、嫩芽和果实为食，吃饱后就倒挂着睡觉。它由于跤骨基部和附骨愈合，爪十分锐利并呈钩状，便于倒挂在树上，而且能长时间倒挂，甚至睡觉也是这种姿势。

树懒的行动有一特殊之处，它虽然有脚却不能走路，只能靠前肢拖动身体前行，而且行动速度比乌龟还慢。树懒可谓“名副其实”，它懒得出奇，甚至懒得去吃，懒得去玩，如非得活动不可时，动作也是极其缓慢。树懒的体温调节机能发育不完全，静止不动时体温在28～35℃之间；而当环境温度降至27℃时，就会有发抖现象。

树袋熊

考拉

大斑灵猫

大斑灵猫又叫斑香狸、臭猫，大斑灵猫在中国是一种极为稀有的物种。大斑灵猫主要栖息于东南亚热带的热带雨林、季雨林、林缘沟谷、山地稀树灌丛中。

环　海　豹

环海豹皮毛呈黑色，上有4条白色环纹：一条白条绕着颈部，一条绕着尾部，其身躯左右两边各有一条白条，由前鳍作起点，在身躯两侧绕一个大圈子。环海豹行动敏捷，喜栖于浮冰上。

海　　狮

海狮生活在海里，因其面部长得像狮子而得名，是国家二级保护动物，也是一种濒危物种。海狮主要以鱼、蚌、乌贼、海蜇等为食，是一种应用价值很高的动物。

河　马

河马

河马是淡水物种中最大型的杂食性哺乳类动物，以草类和水生植物为食；身体肥大，皮肤裸露，身体上几乎没有毛，呈黑褐色，尾短，只有尾端有少数刚毛；头大，嘴阔，耳小，犬齿发达；前、后肢都短，有四趾，略有蹼，大部分时间生活在水中，善于游泳。要说河马最显著的特征，那还得是它的脑袋，河马的眼睛、耳朵和鼻孔都在河马的头顶，这也使它可以花费大多数时间在水中乘凉、防晒。河马觅食、交配、产仔、哺乳均在水中进行。

河马是群居性动物，性情残暴，原来遍布非洲所有深水的河流与溪流中，现在范围已缩小，主要分布于非洲热带地区的河流和湖沼地带。河马善于潜水，怕冷，喜欢温暖的气候。河马的皮上没有汗腺，皮肤长时间离水会干裂，这使它不能在水外待太长的时间。河马喜欢洗泥巴澡，这样就可以使它裸露的皮肤沾上厚厚一层泥巴，在身上形成一个厚壳防止蚊虫叮咬。

海　狗

海狗头部圆，吻部短，眼睛较大，有小耳壳，因其体形像狗，因此得名“海狗”，有洄游习性。海狗听觉和嗅觉灵敏，白天在近海游弋猎食，主要捕食鳕鱼和鲑鱼，夜晚上岸休息。

海　象

海象体长可达5米，身体庞大，重4吨，皮厚而多皱，有稀疏的刚毛，长着两枚长长的牙，四肢已退化成鳍状。海象性喜群居，常常数千头簇拥在一起。

虎　鲸

虎鲸是一种大型齿鲸，身长为8～10米，体重约9吨，嘴巴细长，牙齿锋利，背呈黑色，腹为灰白色。虎鲸是肉食性动物，性情凶猛，善于进攻猎物，是企鹅、海豹等动物的天敌。

河马